21 世纪高等职业教育计算机系列规划教材

Web 应用程序开发技术

姚　骥　傅丽霞　主　编

陈　冬　贾富萍　刘晓燕　副主编

电子工业出版社

Publishing House of Electronics Industry

北京 · BEIJING

内 容 简 介

本书紧紧围绕 Web 应用程序开发这一主题，针对各种关键问题，集中讨论解决方案，努力探求解决该类问题的一般思路和通用方法。

全书共分 11 章，主要内容包括 Web 技术概述，HTML 标记语言，使用 Dreamweaver 设计网站布局，Web 应用程序的开发环境 ASP.NET 的应用，客户端程序 JavaScript 的综合应用，ASP 程序设计，ASP.NET 程序设计，以及 Web 实用程序开发案例等内容。

图书在版编目（CIP）数据

Web 应用程序开发技术 / 姚骥，傅丽霞主编. —北京：电子工业出版社，2009.8

（21 世纪高等职业教育计算机系列规划教材）

ISBN 978-7-121-09258-9

I．W… II．①姚…②傅… III．主页制作—程序设计—高等学校：技术学校—教材 IV．TP393.092

中国版本图书馆 CIP 数据核字（2009）第 118145 号

策划编辑：徐建军
责任编辑：裴　杰
印　　刷：北京季蜂印刷有限公司
装　　订：三河市万和装订厂
出版发行：电子工业出版社
　　　　　北京市海淀区万寿路 173 信箱　邮编　100036
开　　本：787×1 092　1/16　印张：14.25　字数：365 千字
印　　次：2009 年 8 月第 1 次印刷
印　　数：4 000 册　　定价：26.00 元

前　言

随着因特网（Internet）的普及推广，Web 应用程序开发技术也得到了迅速发展，对 Web 应用程序开发人员的需求也越来越多。目前 Web 应用程序开发技术有 ASP、ASP.NET、JSP 和 PHP 等。本书从 ASP 和 ASP.NET 两个方面介绍 Web 应用程序的开发。

ASP 技术出现最早，程序员容易入手，但是使用解释性脚本 VBScript 编写程序，导致程序执行效率低，程序结构性差，调试程序困难。ASP.NET 是 Microsoft 公司新一代软件开发平台 Microsoft Visual Studio.NET 的组成部分之一，使用 C#语言编写程序，它继承了 ASP 的简单性和易用性，同时克服了 ASP 程序结构化较差、难以阅读和调试程序困难的缺点，现在已经成为 Web 应用开发的主流技术之一。

本书是在作者经过多轮教学与多年项目实践的基础上写成的，全面介绍了 Web 应用程序开发的基本概念与理论。本书具有以下特点：

（1）内容循序渐进。本书从最简单的 HTML 开始，逐渐过渡到复杂的 ASP 和 ASP.NET 应用程序开发，最后把枯燥的理论知识融入实际案例中。

（2）以应用为导向。本书注重实际应用，每个章节都有实例的详细介绍，第 8 章至第 11 章全部内容都在介绍实际的 Web 应用程序开发。

（3）精心设置内容和结构。每一章节都先详细介绍理论知识，然后讲解具体案例，符合高职学生的认知规律和职业技能的形成规律。

（4）适用于理论、实践一体化教学。融"教、学、练、思"四者于一体，体现了"边做边学、学以致用"的教学理念。

（5）强化技能训练，提高实战能力。让读者在反复动手实践过程中，学会应用所学知识解决实际问题。

本书由四川邮电职业技术学院、山东财政学院、辽宁警官高等专科学校的骨干老师组织编写，在编写过程中得到了四川邮电职业技术学院领导的指导和支持。本书由姚骥、傅丽霞担任主编，陈冬、贾富萍、刘晓燕担任副主编，参加本书编写工作的还有青巧、王太成、彭雪婷、禹水琴、黄倩华、寇伟、陈志忠、马胤等，全书由傅丽霞统稿和审读。同时也参阅了许多参考资料，本书在编写过程中得到了各方面的大力支持，在此一并表示感谢。

由于作者水平有限，加上时间仓促，书中难免有不当之处，敬请各位同行批评指正，以便我们在今后的修订中不断改进。

为了方便教学，本书配有电子课件，相关教学资源请登录 www.huaxin.edu.cn 或 www.hxedu. com.cn 免费下载。

编　者

目　　录

第 1 章　Web 技术概述

随着因特网（Internet）的发展，人们越来越习惯于网上办公、网上看新闻、网上娱乐和网上交流等，Internet 改变了人们的工作、学习和生活方式，而这一切应主要归功于 WWW（World Wide Web），简称 Web，中文名为万维网。它是 Internet 最基本、应用最广泛的服务，Web 用超链接的方式使用户能非常方便地从 Internet 的一个站点访问另一个站点，从而获取丰富的信息。这些应用和服务依赖于 Internet 的网站建设，即 Web 应用系统的开发，这就使得程序设计人员必须为满足这种需求进行相应系统的开发。这不是简单的网页制作，它包含了多方面的内容。本章主要介绍 Web 应用程序开发所涉及的基本概念，使读者对 Web 应用程序有一个整体的框架结构。

1.1　Web 技术

Web 技术出现于 1989 年 3 月，由欧洲粒子物理研究所的科学家 Tim Berners-Lee 发明。1990 年 11 月，第一个 Web 服务器 nxoc01.cern.ch 开始运行，Tim Berners-Lee 在自己编写的 Web 浏览器上看到了最早的 Web 页面。1991 年，正式发布了 Web 技术标准。1993 年，第一个图形界面的浏览器 Mosaic 开发成功。1995 年著名的 Netscape Navigator 浏览器问世。随后，微软公司推出了著名的浏览器软件 IE（Internet Explorer）。目前，与 Web 相关的各种技术标准都由著名的 W3C 组织（World Wide Web Consortium）管理和维护。Web 是一个分布式的超媒体（Hypermedia）信息系统，它将大量的信息分布于整个因特网上。Web 的任务就是向人们提供多媒体网络信息服务。

Web 是一种典型的分布式应用结构。Web 应用中的每一次信息交换都要涉及客户端和服务器端。因此，Web 开发技术大体上也可以被分为客户端技术和服务器端技术两大类。在后面的章节中会详细介绍相关技术。

1.1.1　Web 技术基础

构成 Web 体系结构的基本元素：Web 服务器、Web 浏览器、浏览器与服务器之间的通信协议 HTTP（Hypertext Transfer Protocol，超文本传输协议）、编写 Web 文档的语言 HTML（Hypertext Markup Language，超文本标记语言），以及用来标识 Web 上资源的 URL（Universal Resource Locator，统一资源定位器）。

1. 超文体、超媒体和超链接

超文本（Hypertext）一种全局性的信息结构，它将文档中的不同部分通过关键字建立链接，使信息得以用交互方式搜索，它是超级文本的简称。

超媒体（Hypermedia）是超文本（Hypertext）和多媒体在信息浏览环境下的结合，它是超级媒体的简称。用户不仅能从一个文本跳到另一个文本，而且可以激活一段声音，显示一个图形，甚至可以播放一段动画。

Internet 采用超文本和超媒体的信息组织方式，将信息的链接扩展到整个 Internet 上。Web 就是一种超文本信息系统，Web 的一个主要的概念就是超文本链接，它使得文本不再像一本书一样是固定的、线性的，而是可以从一个位置跳到另外的位置。Internet 就是通过这种超链接的方式把独立的网页连接在一起，使之构成一个统一的整体，而这种连接各个页面的功能称为超链接。可以说超链接是一个网站脉络，也正是这种多连接性我们才把它称为 Web。

一般来说，超链接有以下几个特征：

（1）当鼠标移到有超链接的文字或图片时，鼠标指针会变成"手"的形状。

（2）超链接分为文字和图片（包括动画）两种链接，默认情况下，对文字进行链接后，文字会加上底线，浏览过的超链接文字与没有浏览过的超链接文字在颜色上是有区别的。

2．HTML

HTML 是 Hypertext Markup Language（超文本标记语言）的缩写，它是用来制作网页的标记语言，是构成 Web 页面的主要工具。HTML 语言是一种标记语言，不需要编译，直接由浏览器执行。HTML 文件一般使用.html 或.htm 为文件扩展名。

设计 HTML 语言的目的是为了实现超链接，能把存放在一台计算机中的文本或图形与另一台计算机中的文本或图形方便地联系在一起，形成有机的整体。HTML 文本是由HTML 命令组成的描述性文本，HTML 命令可以说明文字、图形、动画、声音、表格、链接等。在后面的章节中会详细讲解 HTML 语言的用法。

3．统一资源定位器（URL）

Web 信息分布于全球，要找到所需信息就必须有说明该信息存放在哪台计算机的哪个路径下的定位信息。统一资源定位器（Uniform Resource Locator，URL）就是用来标识 Web 文档的，任意一个文档在因特网范围内具有唯一标识符 URL。

实际上，URL 不仅用于标识 Web 文档，还用于标识因特网其他类别的文档资源，如FTP、电子邮件文档等，这也是其名称中"统一资源"所表达的含义。URL 通过定义资源位置的抽象标识来定位网络资源，其格式如下：

```
<通信协议>://<主机>: <端口号>/<文件路径>
```

其中，<通信协议>是访问信息采用的 TCP/IP 应用协议，最常用的有 3 种，即 http（超文本传输服务）、ftp（文件传输服务）和 telnet（远程系统登录服务）。

<主机>是网络主机的域名或 IP 地址，它指出信息存放的主机。

<端口号>用来告诉主机打开哪一个通信端口，因为一台计算机常常会同时作为 Web，FTP 等服务器，每种服务要对应一个端口。

<文件路径>是所访问信息的存储路径（通常为虚拟路径而非存储文件的实际路径）。

URL 各部分中，只有<主机>部分是必需的，其余 3 项均可以省略。若省略<通信协议>，则默认采用 HTTP 协议；若省略<端口号>，则采用 TCP/IP 标准的保留端口号（如 HTTP 协议保留端口号是 TCP 的 80）；若省略<文件路径>，则访问该主机的默认文档（如 IIS Web 默认访问文档为 default.htm，或 default.html 等）。以下是一些 URL 的例子：

```
http://www.sptpc.com/
```

http://www.sptpc.com/Article/index.html

http://www.kj008.com/web2/mj06b2395.html

4．Web 的特点

1）Web 是图形化和易于导航的（Navigate）

Web 非常流行的一个很重要的原因就在于它可以在一页上同时显示色彩丰富的图形和文本的性能。在 Web 之前 Internet 上的信息只有文本形式。Web 可以提供将图形、音频、视频信息集合于一体的特性。同时，Web 是非常易于导航的，只需要从一个链接跳到另一个链接，就可以在各页、各站点之间进行浏览了。

2）Web 与平台无关

无论系统平台是什么，都可以通过 Internet 访问 WWW。浏览 WWW 对系统平台没有什么限制。无论是 Windows 平台还是 UNIX 平台都可以访问 WWW。对 WWW 的访问是通过一种浏览器（Browser）的软件实现的，如 Microsoft 的 Explorer（IE）、Mozilla 的 Firefox（火狐）、Netscape 的 Navigator 等。

3）Web 是分布式的

大量的图形、音频和视频信息会占用相当大的磁盘空间，甚至无法预知信息的多少。对于 Web 没有必要把所有信息都放在一起，信息可以放在不同的站点上。只需要在浏览器中指明这个站点就可以了。使在物理上并不一定在一个站点的信息在逻辑上一体化，从用户来看这些信息是一体的。

4）Web 是动态的

由于各 Web 站点的信息包含站点本身的信息，信息的提供者可以经常对站点上的信息进行更新。如某个协议的发展状况，公司的广告等。一般各信息站点都尽量保证信息的时间性。所以 Web 站点上的信息是动态的、经常更新的。这一点是由信息的提供者保证的。Web 动态的特性还表现在 Web 是交互的。Web 的交互性首先表现在它的超链接上，用户的浏览顺序和所访问的站点完全由他自己决定。

1.1.2　HTTP 协议

HTTP 协议即超文本传输协议（Hypertext Transfer Protocol）。这个协议是在 Internet 中进行信息传送的协议，浏览器默认使用这个协议。当用户在浏览器的地址栏中输入 www.mywebsite.com 时，浏览器会自动使用 HTTP 协议来搜索 http://www. mywebsite.com 网站的首页。

从浏览器向 Web 服务器发出的搜索某个 Web 网页的请求是 HTTP 请求。当 Web 服务器收到这个请求之后，就会按照请求的要求，找到相应的网页。如果可以找到这个网页，那么就把网页的 HTML 代码通过网络传回浏览器；如果没有找到这个网页，就发送一个错误信息给发出 HTTP 请求的浏览器。后面的这些操作称为 HTTP 响应。

HTTP 协议是无状态协议。也就是说，当使用这种协议时，所有的请求都是为搜索某一个特定的 Web 网页而发出的。它不知道现在的请求是第一次发出还是已经多次发出，也不知道这个请求的发送来源。当用户请求一个 Web 网页时，浏览器会与相关的 Web 服务器相连接，检索到这个页面之后，就会把这个连接断开。

从程序设计的角度来看，无状态的特点对于 HTTP 来说是一个缺点，因为这使得某些功能很难实现，但是由于网络本身的特点，这也是没有办法改变的。可以假设一下，如果 HTTP 协议是有状态的协议，那么就应该让一个连接长时间地存在下去，这样就可以判断一个用户到底使用了多长时间，在这段时间内都做了些什么事情。这样在 Internet 环境中，一个 Web 服务器要保存太多的连接（因为在 Internet 环境中，用户的数量是很难估计的），会导致服务器瘫痪。正因如此，对于所有的 HTTP 请求，Web 服务器都会以同样的方式来对待。

1.2　客户端/服务器模型

通常的网络程序设计采用的模型都为客户端/服务器模型，这种模式根据工作方式可分为 C/S 结构（Client/Server 的简称，客户机/服务器模式）和 B/S 结构（Browser/Server 的简称，浏览器/服务器模式）。

随着计算机技术的不断发展与应用，计算模式从集中式转向了分布式，典型的两层结构 C/S 模式在 20 世纪 80 年代及 90 年代初得到了大量应用，最直接的原因是可视化开发工具的推广。近年来，随着网络的技术不断发展，尤其是基于 Web 的信息发布和检索技术、Java 计算技术，以及网络分布式对象技术的飞速发展，导致了很多应用系统的体系结构从 C/S 结构向更加灵活的三层结构演变，使得软件系统的网络体系结构跨入一个新阶段，即 B/S 体系结构。因为 B/S 结构是基于 Web 的，所以 Web 应用程序可以说都是 B/S 结构的。B/S 方式其实也是一种客户机/服务器方式，只不过它的客户端是浏览器。为了区别于传统的 C/S 模式，才特意将其称为 B/S 模式。认识到这些结构的特征，对于系统的选型而言是非常关键的。下面就对这两种结构进行比较。

1．C/S 模式的结构和工作原理

如图 1.1 所示为典型的二层 C/S 结构图。传统的 C/S 模式是一种两层结构的系统，它

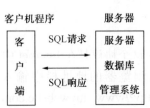

图 1.1　二层 C/S 结构图

将应用一分为二，第一层是客户端执行应用程序、完成与用户的交互任务，第二层是通过网络结合了数据库服务器，负责数据管理。C/S 模式主要由客户应用程序、服务器管理程序和中间件 3 个部分组成。开发这种模式的应用程序时，应同时开发客户端软件和服务器端软件。客户机软件由应用程序及相应的数据库连接程序组成，用来处理与用户的交互，而服务器软件是某种数据库系统，能根据客户机软件的请求进行数据库操作，然后将结果传送给客户机软件。服务器软件与客户机软件的通信是通过 SQL 语句实现的。

这种方式的应用大都是基于小型局域网的。这种方式的软件开发工作主要集中于客户机软件上，当系统软件开发完成以后，整个系统的安装也非常繁杂，既要在每一台客户机上都安装相应的应用程序，还必须安装相应的数据库连接驱动程序，且需要大量的系统配置工作。所以 C/S 的程序通常也称"胖客户端"，也就是一个程序的大部分功能都在客户端实现，而服务器端只实现一小部分功能。通过这点不难看出，C/S 的程序大部分在客户端实现，对于服务器端的压力相对小一些，服务器端可以节省一些。但用户必须得到客户端

程序才可以运行。

在 C/S 结构模式中，客户端有一套完整的应用程序，在出错提示、在线帮助等方面都有强大的功能，并且可以在子程序间自由切换。其次，C/S 模式提供了更安全的存取模式。由于 C/S 配备的是点对点的结构模式，采用适用于局域网的形式，安全性可以得到可靠的保证。也由于 C/S 的二层逻辑结构使得程序的执行速度快，更利于处理大量数据。同时由于开发是针对性的，因此，操作界面漂亮，形式多样，可以充分满足客户自身的个性化要求。但缺少通用性，若业务发生变更，则需要重新设计和开发，增加了维护和管理的难度，进一步的拓展和移植困难非常大。

2．B/S 模式的结构、工作原理和特点

B/S 的程序通常也称"瘦客户端"，与 C/S 相反。B/S 的程序大部分功能都要在服务器端实现，客户端只用来做辅助的控制功能。B/S 应用程序最近大受欢迎，因为 B/S 的程序直接安装在服务器上。用户只需要有浏览器，并知道网址就可以使用程序。客户端不必做任何配置和安装，即可使用应用程序。

1）B/S 模式的结构

B/S 结构，即 Browser/Server（浏览器/服务器）结构，是随着 Internet 技术的兴起，C/S 结构已不能满足用户的需求而产生的一种新的结构。在这种结构下，客户端完全通过 Web 浏览器实现，一部分事务逻辑在前端实现，但是主要事务逻辑在服务器端实现，形成三层结构，其结构如图 1.2 所示。B/S 结构主要是利用了不断成熟的 Web 浏览器技术，结合浏览器的多种 Script 语言（VBScript、JavaScript...）和 ActiveX 技术，用通用浏览器就实现了原来需要复杂专用软件才能实现的强大功能，并节约了开发成本，相对于 C/S 结构把 B/S 结构称为"瘦客户端"结构，是一种全新的软件系统构造技术。随着将浏览器技术植入操作系统内部的兴起，这种结构更成为当今应用 Web 应用软件的首选体系结构。显然 B/S 结构应用程序相对于传统的 C/S 结构应用程序将是巨大的进步。

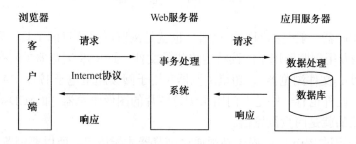

图 1.2　典型的三层 B/S 结构图

2）B/S 模式的工作原理

在 B/S 模式中，客户端运行浏览器软件。浏览器以超文本形式向 Web 服务器提出访问数据库的要求，Web 服务器接受客户端请求后，将这个请求转化为 SQL 语句，并交给数据库服务器，数据库服务器得到请求后，验证其合法性，并进行数据处理，然后将处理后的结果返回给 Web 服务器，Web 服务器再一次将得到的所有结果进行转化，变成 HTML 文档形式，转发给客户端浏览器以友好的 Web 页面形式显示出来，如图 1.3 所示为 B/S 原理

示意图。

图 1.3　B/S 原理示意图

3）B/S 结构的特点

（1）系统开发、维护和升级的经济性。对于大型的 MIS（管理信息系统），软件开发、维护与升级的费用是非常高的，B/S 模式所具有的框架结构可以大大节省这些费用，同时，B/S 模式对前台客户机的要求并不高，可以避免盲目进行硬件升级造成的巨大浪费。

（2）B/S 模式提供了一致的用户界面。B/S 模式的应用软件都是基于 Web 浏览器的，这些浏览器的界面都很相似。对于无用户交互功能的页面，用户接触的界面都是一致的，从而可以降低软件的培训费用。

（3）B/S 模式具有很强的开放性。在 B/S 模式下，外部的用户都可通过通用的浏览器进行访问。

（4）B/S 模式的结构易于扩展。由于 Web 的平台无关性，B/S 模式结构可以任意扩展，可以从一台服务器、几个用户的工作组级扩展成为拥有成千上万用户的大型系统。

（5）B/S 模式具有更强的信息系统集成性。在 B/S 模式下，集成了解决企事业单位各种问题的服务，而非零散的、单一功能的多系统模式，因而它能提供更高的工作效率。

（6）B/S 模式提供灵活的信息交流和信息发布服务。B/S 模式借助 Internet 强大的信息发布与信息传送能力，可以有效地解决企业内部大量不规则的信息交流。

1.3　浏　览　器

通常说的浏览器一般是指网页浏览器，也就是浏览网页信息的工具，除了网页浏览器之外，还有一些专用浏览器用于阅读特定格式的文件，如 RSS 浏览器（也称 RSS 阅读器）、PDF 浏览器（PDF 文件浏览器）、超星浏览器（用于阅读超星电子书）、CAJ 浏览器（阅读 CAJ 格式文件）。此外也有一些是专门用来浏览图片的图像浏览器，如 ACDsee、google picasa 等。这里要讨论的就是网页浏览器。

前面已经介绍过 Web 应用程序必须通过浏览器才能访问，所以要浏览 Internet 上的网页内容都离不开浏览器，浏览器（Browser）实际上是一个软件程序，用于与 Web 建立连接，并与之进行通信。它可以在 Web 系统中根据链接确定信息资源的位置，并将用户感兴趣的信息资源取回来，对 HTML 文件进行解释，然后将文字图像或者将多媒体信息还原出来。

现在大多数用户使用的是微软公司提供的 IE 浏览器（Internet Explorer），还有其他一些浏览器如 Netscape Navigator、Mosaic、Opera，以及近年发展迅猛的火狐浏览器（Mozilla Firefox）等，国内厂商开发的浏览器有腾讯 TT 浏览器、遨游浏览器（Maxthon Browser）等。

1.3.1　IE 浏览器

　　IE 浏览器是微软公司推出的免费浏览器，目前最新版本是 IE 8.0 浏览器。IE 浏览器是使用数量最多的浏览器，有超过 80%的用户使用 IE 浏览器。IE 浏览器最大的优点在于，浏览器直接绑定在微软的 Windows 操作系统中，当用户的计算机安装了 Windows 操作系统之后，无须专门下载安装浏览器即可。IE 浏览器内置了一些应用程序，具有浏览、发信、下载软件等多种网络功能，有了它，使用者基本就可以在网上任意驰骋了。

　　下面是关于 IE 浏览器（Internet Explorer）的发展历程：

　　1995 年 1 月，IE 1.0 发布，它的初次登场，就是和操作系统 Windows 95 绑定在一起亮相的。同年 11 月，在 IE 1.0 发布 10 个月之后，IE 2.0 就急匆匆地出世，这个版本增加了对表格和一些新的 HTML 元素的支持。同时 IE 2.0 被绑定在了 Windows NT 4.0 中。

　　1996 年 8 月，IE 3.0 正式版发布。这个版本提供了对 HTML 表格定制、框架，以及更多 HTML 元素的支持。同时提供了 VB 和 Java 脚本语言的支持。同年 10 月，IE 3.01 正式版发布，IE 3.01 被绑定在 Windows 95 OSR2 操作系统中。

　　1997 年 10 月，IE 4.0 正式版发布。这个版本增强了对样式列表和文档对象模型的支持，新增了一些新的特性，浏览器的显示能力也明显改善。同年 11 月，IE 4.01 正式发布，IE 4.01 和 Windows 98 操作系统绑定在一起。

　　1999 年 3 月，IE 5.0 正式版发布。除了已经知道的开发者预览功能外，这个版本提供了更多 CSS2 功能和更多新的 CSS 属性的支持，这个变化是这一版本中的一个亮点。Windows 98SE 和 Windows 2000 操作系统中都绑定了 IE 5.0。

　　2000 年 7 月，IE 5.5 正式版发布。这个版本增加了对更多 CSS 属性的支持。IE 5.5 被绑定在 Windows Millennium Edition（ME）操作系统中。

　　2001 年 10 月，IE 6.0 正式版发布。关于 CSS 有了更多的变化，而且一些小错误被修正。IE 6.0 和 Windows XP 绑定在一起。

　　2002 年 9 月，IE 6.0SP1 发布，这个版本对安全漏洞进行了修补，其和操作系统 Windows XP Home/Pro 绑定。

　　2003 年 3 月，微软和 AOL 达成协议，在未来 7 年，AOL 继续使用 IE 作为默认的浏览器，免授权费用。微软也宣布 IE 不再作为单独的浏览器软件发布，而是仅仅和新的操作系统一同发布。至此，IE 的市场占有率已超过 90%，昔日无比辉煌的 Netscape 终于完全退出浏览器王者的舞台。

　　2006 年 10 月 19 日，微软发布 IE 7.0 正式版（简体中文版 IE 7.0 浏览器发布于 2006 年 12 月 1 日）。

　　目前，微软已正式发布了 IE 8.0 版本，IE 8.0 有如下新增功能。

　　（1）网络互动功能：可以摘取网页内容发布到 Blog 或者查询地址详细信息。

　　（2）方便的更新订阅：可以订阅更新某网页，但它更新时 IE 8.0 会及时通知用户，并可预览更新页面。

　　（3）实用的最爱收藏：在 IE 8.0 中可以自行设定最爱收藏，并且以大图标显示。

　　（4）实用的崩溃恢复功能：IE 8.0 终于推出了崩溃恢复功能，由浏览器崩溃而丢失浏览者的网页信息的情况不再重现。

（5）改进的仿冒网页过滤器：让网友在启动仿冒网页过滤器同时不影响浏览网页的速度。

1.3.2　Firefox 浏览器

火狐浏览器（Firefox 浏览器）是 Mozilla 公司开发的一种面向全世界浏览器用户，独立于 IE 内核的新型免费开源浏览器，英文名叫做 Mozilla Firefox。功能上除具有网页浏览器的各项功能外，还融入了许多新技术，更多的特色功能让火狐浏览器"如虎添翼"！它的特色功能包括融入"最新技术的阻止弹出广告"功能，集成搜索功能强大的 google 工具栏，还整合了多种搜索引擎，使用户的信息检索更为方便！

火狐浏览器不仅能运行在 Windows 上，还对 Linux、UNIX 和 Mac OS X 等操作系统也实现完美的支持，真正的跨平台浏览器！其安装文件很小，只有 5.7MB，运行时是主流浏览器中占用内存最小的浏览器，为用户更好地节约系统资源。

包含各项技术的功能插件使火狐浏览器"锦上添花"。安装插件后的火狐平台支持最新的 Macromedia Flash Player、java、QuickTime Player、RealPlayer、Shockwave Player、Windows Media Player、安全插件等，浏览网页时不必担心浏览器不支持某些插件，也不必担心浏览过程中被网页木马病毒所侵袭，因为它是目前最好、最快、最安全的浏览器。

到 2006 年 6 月，火狐浏览器（Firefox）在全球的市场份额已经达到 12.93%，IE 浏览器全球市场份额达到 83.05%。在美国，浏览器使用情况为：IE 占 79.78%，Firefox 占 15.82%；Safari：3.28%；Opera：0.81%。Firefox 在加拿大和英国的使用量与美国差不多，不过在澳大利亚 Firefox 用户达到 24.23%，在德国，Firefox 的市场份额高达 39.02%。火狐浏览器已经成为市场份额位居第二的浏览器，由于火狐浏览器集成了 google 工具条，并且内置了多个主流搜索引擎，具有更多的实用功能。

正如 Opera 和 Mozilla Suite，也有自己独到之处使之和微软的 Internet Explorer 不同。虽然如此，Firefox 还是缺少了像 Opera 之类的大型浏览器的一些性能。为了在市场上占有立足之地，Firefox 采取了小而精的核心，而允许用户们根据个人需要去添加各种扩展插件来满足每个人的要求。以下是 Mozilla Firefox 浏览器的特点。

1．分页浏览

Firefox 支持分页浏览。用户不再需要打开新的窗口浏览网页，而只需要在现有的窗口中开一个新的分页即可，从而起到了节约任务栏的空间和加快浏览速度的效果。分页浏览的性能是 Firefox 从 Mozilla Suite 中继承下来的。在版本 1.0 里，Firefox 加入了自动单窗口浏览模式，在此模式下所有链接都会在分页中显示。然而由于这个模式存在一些问题，现在还在测试阶段。在版本 1.0 之前，大多数的 Firefox 用户用一些分页浏览的扩展插件来达到单窗口浏览的效果。

2．弹出窗口拦截

Firefox 还有自带的弹出窗口拦截功能。在默认的设置下，Firefox 会拦截所有网站的弹出窗口。但用户可以更改设置，允许个别网页的弹出窗口。用户甚至可以将此功能关闭，允许显示所有的弹出窗口。Firefox 在早期就已经包含了这个功能，远远比微软在 Windows XP（Service Pack 2）的 Internet Explorer 中加入此功能要早。有时，拦截窗口的功能可能会给用户造成一定的不便，因为 Firefox 会拦截一切在网页显示过程中用 JavaScript 语言编写的弹出窗口。避免这个不便的方法是将不希望被拦截的网站加到安全网页的列表（Safe list）中。

3．即时书签

"即时书签"是 Firefox 在 1.0PR 中加入的新功能。此功能允许用户用书签查看最新的时事新闻。当用户将一个 RSS 或 Atom 收集点加入书签中之后，该用户就可以直接在书签中查看此收集点的最新消息，单击希望浏览的消息 Firefox 就会直接打开含有那个消息的网页，十分方便。Firefox 这一别出心裁而又简单易用的功能深受用户的喜爱，这也是 Firefox 1.0 取得成功的一个原因。

4．界面主题

Firefox 支持个性化的界面。用户可以选择各种不同的界面主题/皮肤来达到美观的效果。界面主题是用 XUL 编写的，很多主题可以从 Mozilla 的网站直接下载。

5．扩展插件

Firefox 的扩展性能非常强。用户可以安装扩展插件来添加各式各样的新功能。许多 Mozilla 的功能，如 IRC 聊天，日历等都有相应的 Firefox 插件。大多数插件都很小，可以满足拥有不同网络速度的用户的需要。

6．安全性能

截止到 2004 年 12 月 1 日，安全监测网站 secunia.com 没有声明任何有关未打补丁的 Firefox 的安全问题。与微软 Internet Explorer 存在 19 个安全漏洞形成鲜明对比。

7．支持标准

Firefox 十分支持 W3C 网络标准。它对最新的 HTML，C/SS，JavaScript 和 MathML 的支持性能极好。Firefox 还对 PNG 图像格式给予支持，对大部分 C/SS2 和一部分 C/SS3 提供支持。Firefox 的工作者们正致力于让 Firefox 支持像 SVG，APNG，和 XForms 等新的网络标准。

1.4　服　务　器

服务器是一种高性能计算机，作为网络的节点，存储、处理网络上 80%的数据、信息，因此也被称为网络的灵魂。做一个形象的比喻：服务器就像是邮局的交换机，而微机、笔记本电脑、PDA、手机等固定或移动的网络终端，就如散落在家庭、各种办公场所、公共场所等处的电话机。我们与外界日常的生活、工作中的电话交流、沟通，必须经过交换机，才能到达目标电话机；同样如此，网络终端设备如家庭、企业中的计算机，获取资讯，与外界沟通、娱乐等，也必须经过服务器，因此也可以说是服务器在"组织"和"领导"这些设备。

服务器可以用来搭建网页服务（我们平常上网所看到的网页页面的数据就是存储在服务器上供人们访问的）、邮件服务（我们发的所有电子邮件都需要经过服务器的处理、发送与接收）、文件共享与打印共享服务、数据库服务等。而这所有的应用都有一个共同的特点，它们面向的都不是一个人，而是众多的人，同时处理的是众多的数据。所以服务器与网络是密不可分的，可以说离开了网络，就没有服务器；服务器是为提供服务而生，只有在网络环境下才有其存在的价值。而个人计算机完全可以在单机的情况下完成数据处理任务。

Web 服务器是目前网络中应用最广的一种服务器，下面介绍 Web 服务器的相关知识。

1.4.1　Web 服务器

Web 服务器实际是一个软件，用于管理 Web 页面，并使这些页面通过本地网络或 Internet 供客户浏览器使用。在 Internet 中，Web 服务器和浏览器通常位于两台不同的机器上，也许它们之间相隔数千里。而在本地情况下，也可以在一台机器上运行 Web 服务器软件，再在这台机器上通过浏览器浏览它的 Web 页面。

访问远程 Web 服务器（即 Web 服务器与浏览器应用程序位于不同的机器）与本地服务器（Web 服务器和浏览器位于同一机器）之间没有什么差别，因为不论何种情况，Web 服务器的功能（即生成可用的 Web 页面）均保持不变。如果您是唯一在自己的计算机上访问 Web 服务器的人，无论是何种情况，其工作原理是不变的。如图 1.4 所示为 Web 浏览器从 Web 服务器获得 Web 页面的过程。

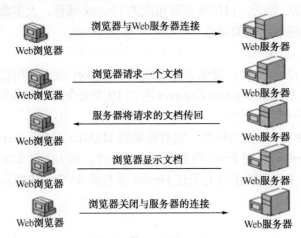

图 1.4　Web 浏览器从 Web 服务器获得 Web 页面的过程

Web 服务器的主要功能如下。

1．信息的发布

信息发布是最基本的应用，行政机关、企事业单位甚至个人，都可以借助 Web 服务器发布各种各样的信息，例如时事新闻、法律法规、科普知识、技术文档、产品图文等。这些能使用户及时地了解到各种各样的信息。

2．充当其他网络服务的平台

在信息发布的基础上可以发展到电子商务、资料查询、网络图书馆，BBS、网络学校、办公自动化、Web 电子邮件，甚至视频点播（VOD）等，这些应用的交互性更强，并且必须受到网络数据库的支持。

常用的 Web 服务器有 Apache、IIS 和 Tomcat 服务器等，下面分别介绍。

1.4.2　IIS 服务器

IIS 是 Internet Information Server 的缩写，它是微软公司主推的服务器，是目前最流行的 Web 服务器之一，它提供了强大 Internet 和 Intranet 服务功能，最新的版本是 Windows 2003 里面包含的 IIS 6.0，IIS 与 Windows NT Server 完全集成在一起，因而用户能够利用 Windows NT Server 和 NTFS（NT File System，NT 的文件系统）内置的安全特性，建立强大，灵活而安全的 Internet 和 Intranet 站点。

IIS 支持 HTTP（Hypertext Transfer Protocol，超文本传输协议），FTP（File Transfer Protocol，文件传输协议）以及 SMTP 协议，通过使用 CGI 和 ISAPI，IIS 可以得到高度的扩展。提供了一个图像界面的管理工具，称为 Internet 服务管理器，同时，还提供一个 Internet 数据库连接器，能够实现对数据库的查询和更新。

IIS 支持与语言无关的脚本编写和组件，通过 IIS，开发人员就可以开发新一代动态的，富有魅力的 Web 站点。IIS 不需要开发人员学习新的脚本语言或者编译应用程序，IIS 完全支持 VBScript，JavaScript 开发软件以及 Java，也支持 CGI 和 WinCGI，以及 ISAPI 扩展和过滤器。

IIS 的设计目的是建立一套集成的服务器服务，用以支持 HTTP，FTP 和 SMTP，它能够提供快速且集成了现有产品，同时可扩展的 Internet 服务器。

IIS 响应性极高，同时系统资源的消耗也是最少的，IIS 的安装，管理和配置都相当简单，这是因为 IIS 与 Windows NT Server 网络操作系统紧密的集成在一起，另外，IIS 还使用与 Windows NT Server 相同的 SAM（Security Accounts Manager，安全性账号管理器），对于管理员来说，IIS 使用诸如 Performance Monitor 和 SNMP（Simple Network Management Protocol，简单网络管理协议）之类的 NT 已有的管理工具。

IIS 支持 ISAPI，使用 ISAPI 可以扩展服务器功能，而使用 ISAPI 过滤器可以预先处理和事后处理储存在 IIS 上的数据。用于 32 位 Windows 应用程序的 Internet 扩展可以把 FTP，SMTP 和 HTTP 协议置于容易使用且任务集中的界面中，这些界面将 Internet 应用程序的使用大大简化，IIS 也支持 MIME（Multipurpose Internet Mail Extensions，多用于 Internet 邮件扩展），它可以为 Internet 应用程序的访问提供一个简单的注册项。

IIS 服务器特有的功能：

（1）IIS 可以赋予一部主机一组以上的 IP 地址，而且还可以有一个以上的域名作为 Web 网站，可以利用 TCP/IP 设置两组以上的 IP 地址给它，除了为网卡再加进一组 IP 地址之外，必须在负责这个点的 DNS 上为这组 IP 地址指定另一个域名，完成这些步骤以后，在 Internet Service Manage 中就会出现一个虚拟 Web 服务器，虚拟服务器（Virtual Server）必须有它自己的主目录（Home Directory），对于 IIS 来说，所有服务器都是它的虚拟服务器。

（2）在互联网上，有很多网站需要多部服务器才能够应付来自用户端的请求，这就需要利用 DNS 所具有的功能，将一组以上的 IP 指定给同一个域名，每当这个网站接到服务要求，由 DNS 负责进行解析，它会指定域名的下一组 IP 地址给它，若要求采用这套做法，服务器的内容必须逐一复制到每一部服务器上。

（3）为了存取后端数据库，IIS 支持以下三种方式。

IDC：Internet Data Connector

ADO：ActiveX Data Object

ADC：Advanced Data Connector

这三种存储方式各有其特点，这里特别强调的是这三种数据库存取方式的后端数据库都必须提供 ODBC 界面才可以。

1.4.3　Apache 服务器

Apache 是一种开放源码的支持 HTTP 协议的一种 Web 服务器，由于其多平台和安全性的特点，被广泛使用，是最流行的 Web 服务器端软件之一，它可以运行在几乎所有广泛使用的计算机平台上。

Apache 源于 NCSAhttpd 服务器，经过多次修改，成为世界上最流行的 Web 服务器软件之一。Apache 取自"a patchy server"的读音，意思是充满补丁的服务器，因为它是自由软件，所以不断有人来为它开发新的功能、新的特性、修改原来的缺陷。Apache 的特点是简单、速度快、性能稳定，并可做代理服务器来使用。

本来 Apache 只用于小型或试验 Internet 网络，后来逐步扩充到各种 UNIX 系统中，尤其对 Linux 的支持相当完美。Apache 有多种产品，可以支持 SSL 技术，支持多个虚拟主机。Apache 是以进程为基础的结构，进程要比线程消耗更多的系统开支，不太适合于多处理器环境，因此，在一个 Apache Web 站点扩容时，通常是增加服务器或扩充群集节点而不是增加处理器。到目前为止 Apache 仍然是世界上使用最多的 Web 服务器，市场占有率达 60%左右。世界上很多著名的网站如 Amazon.com、Yahoo!、W3 Consortium、Financial Times 等都是 Apache 的产物，它的成功之处主要在于其源代码开放，有一支开放的开发队伍，支持跨平台的应用（可以运行在几乎所有的 UNIX、Windows、Linux 系统平台上），以及它的可移植性等方面。

Apache 的诞生极富有戏剧性。当 NCSA Web 服务器项目停顿后，那些使用 NCSA Web 服务器的人们开始交换他们用于该服务器的补丁程序，他们也很快认识到成立管理这些补丁程序的论坛是必要的。就这样，诞生了 Apache Group，后来这个团体在 NCSA 的基础上创建了 Apache。

Apache Web 服务器软件拥有以下特性：

（1）支持最新的 HTTP/1.1 通信协议。

（2）拥有简单而强有力的基于文件的配置过程。

（3）支持通用网关接口。

（4）支持基于 IP 和基于域名的虚拟主机。

（5）支持多种方式的 HTTP 认证。

（6）集成 Perl 处理模块。

（7）集成代理服务器模块。

（8）支持实时监视服务器状态和定制服务器日志。

（9）支持服务器端包含指令（SSI）。

（10）支持安全 Socket 层（SSL）。

（11）提供用户会话过程的跟踪。

（12）支持 FastCGI。

（13）通过第三方模块可以支持 Java Servlets。

1.4.4　Tomcat 服务器

Tomcat 服务器是一个免费的开放源代码的 Web 应用服务器，Tomcat 是 Apache 软件基金会（Apache Software Foundation）的 Jakarta 项目中的一个核心项目，由 Apache、Sun 和其他一些公司及个人共同开发而成。由于有了 Sun 的参与和支持，最新的 Servlet 和 JSP 规范总是能在 Tomcat 中得到体现，Tomcat 5 支持最新的 Servlet 2.4 和 JSP 2.0 规范。因为 Tomcat 技术先进、性能稳定，而且免费，因而深受 Java 爱好者的喜爱并得到了部分软件开发商的认可，成为目前比较流行的 Web 应用服务器。

Tomcat 很受广大程序员的喜欢，因为它运行时占用的系统资源小，扩展性好，支持负载平衡与邮件服务等开发应用系统常用的功能；而且它还在不断的改进和完善中，任何一个感兴趣的程序员都可以更改它或在其中加入新的功能。

Tomcat 是一个小型的轻量级应用服务器，在中小型系统和并发访问用户不是很多的场合下被普遍使用，是开发和调试 JSP 程序的首选。对于一个初学者来说，可以这样认为，当在一台机器上配置好 Apache 服务器，可利用它响应对 HTML 页面的访问请求。实际上 Tomcat 部分是 Apache 服务器的扩展，但它是独立运行的，所以当运行 Tomcat 时，它实际上作为一个与 Apache 独立的进程单独运行。

这里的诀窍是，当配置正确时，Apache 为 HTML 页面服务，而 Tomcat 实际上运行 JSP 页面和 Servlet。另外，Tomcat 和 IIS、Apache 等 Web 服务器一样，具有处理 HTML 页面的功能，另外它还是一个 Servlet 和 JSP 容器，独立的 Servlet 容器是 Tomcat 的默认模式。不过，Tomcat 处理静态 HTML 的能力不如 Apache 服务器。

基于 Tomcat 的开发其实主要是 JSP 和 Servlet 的开发，开发 JSP 和 Servlet 非常简单，可以用普通的文本编辑器或者 IDE，然后将其打包成 WAR 即可。这里提到另一个工具 Ant，Ant 也是 Jakarta 中的一个子项目，它所实现的功能类似于 UNIX 中的 make，你需要写一个 build.xml 文件，然后运行 Ant 就可以完成 xml 文件中定义的工作，这个工具对于一个大的应用来说非常好，只需在 xml 中写很少的内容就可以将其编译并打包成 WAR。事实上，在很多应用服务器的发布中都包含了 Ant。另外，在 JSP1.2 中，可以利用标签库实现 Java 代码与 Html 文件的分离，使 JSP 的维护更方便。

Tomcat 也可以与其他一些软件集成起来实现更多的功能。如与上面提到的 JBoss 集成起来开发 EJB，与 Cocoon（Apache 的另外一个项目）集成起来开发基于 Xml 的应用，与 OpenJMS 集成起来开发 JMS 应用，除了提到的这几种，可以与 Tomcat 集成的软件还有很多，这里不一一阐述。

1.5　Web 应用程序

我们通过浏览器可以访问搜狐网、淘宝网、网易网、新浪网等网站，这些就是 Web 应用。对于 Web 应用，我们需要使用浏览器，通过网络，访问在远程的服务器上运行的程序，Web 应用程序指的就是这些网站中的程序。

Web 应用程序首先是"应用程序"，以及用标准的程序语言，如 C、C++等编写出来的程序没有什么本质上的不同。然而 Web 应用程序又有自己独特的地方，它是基于 Web 的，而不是采用传统方法运行的。换句话说，它是典型的浏览器/服务器（B/S）架构的产物，Web 应用程序一般都是 B/S 结构的。一个 Web 应用程序是一种经由 Internet 或 Intranet 以 Web 方式访问的应用程序。它也是一个计算机软件应用程序，这个应用程序用基于浏览器的语言（如 HTML、ASP、PHP、Perl、Python 等）编码，依赖于通用的 Web 浏览器来表现它的执行结果。

1.5.1　Web 应用程序的执行过程

上网的一般过程如下：

（1）打开浏览器。

（2）输入某个网址。

（3）经过一段时间的等待，浏览器显示要访问的信息。

如果要在网页上继续操作，则要进行如下过程：

（1）在网页上单击超级链接，访问我们希望访问的内容，等待浏览器中的内容更新。

（2）或在网页上输入一些信息，然后单击相关按钮，等待浏览器中的内容更新。

由此可见，不管是在地址栏输入地址，还是单击超链接或者单击相关按钮，都需要等待浏览器中的内容更新。等待浏览器中的内容更新的过程实际上就是浏览器访问 Web 应用的过程，也就是 Web 应用程序的执行过程。这个过程如下：

（1）浏览器根据输入的地址找到相应的服务器，不同的网站对应不同的服务器。这个服务器通常称为 Web 服务器，可以接收浏览器发送的请求。

（2）Web 服务器把这个请求交给相应的应用服务器。

（3）应用服务器接收到这个请求后，查找相应的文件，加载并执行这个文件。执行的结果通常是 HTML 文档。

（4）应用服务器把执行的结果返回给 Web 服务器，Web 服务器再把这个结果返回给浏览器。

（5）浏览器解析 HTML 文档，然后把解析后的网页显示给用户。

1.5.2　Web 应用程序的开发步骤

开发一个 Web 应用程序是一个较为复杂的过程，它大致包括以下几个方面的内容：项目的立项及角色划分、客户需求分析、总体设计、详细设计、技术规范等。

1. 项目的立项及角色划分

接到客户的业务咨询，经过双方不断的接洽和了解，并通过基本的可行性讨论，初步达成制作协议，这时就需要将项目立项。接着应该成立一个开发团队，组成专门的项目小组，开发团队一般可以划分为项目经理、程序员、美工三个角色。项目实行项目经理制，项目经理负责人事协调、时间进度等安排，以及处理一些与项目相关的其他事宜。程序员主要负责项目的需求分析、策划、设计、代码编写、网站整合、测试、部署等环节的工作。美工负责 Web 的界面设计、版面规划，把握整体风格。

2. 客户的需求分析

首先需要客户提供一个完整的需求说明。很多客户对自己的需求其实并不是很清楚，需要项目负责人不断引导和帮助分析，挖掘出客户真正的需求。配合客户写一份详细的，完整的需求分析说明书，需求说明书要达到的标准简单来说，包含下面几点。

（1）正确性：每个功能必须清楚描写交付的功能；

（2）可行性：确保在当前的开发能力和系统环境下可以实现每个需求；

（3）必要性：功能是否必须交付，是否可以推迟实现，是否可以在削减开支情况发生时"砍"掉；

（4）简明性：不要使用专业的网络术语；

（5）检测性：如果开发完毕，客户可以根据需求检测。

3. 总体设计

得到客户的需求说明后，并不是直接开始写代码，而是需要对项目进行总体设计，写出一份建设方案给客户。总体设计是非常关键的一步，它主要确定以下内容。

（1）系统需要实现哪些功能。

（2）系统开发使用什么软件，在什么样的硬件环境下运行。

（3）需要多少人，多少时间。

（4）需要遵循的规则和标准有哪些。

同时需要写一份总体规划说明书，主要包括以下方面：

（1）系统的栏目和版块。

（2）系统的功能和相应的程序。

（3）系统的链接结构。

（4）如果有数据库，进行数据库的概念设计。

（5）系统的交互性和用户友好设计。

4. 详细设计

总体设计阶段以比较抽象的方式提出了解决问题的办法。详细设计阶段的任务就是将其具体化。详细设计主要是针对程序开发部分来说的。但这个阶段不是真正编写程序，而是设计出程序的详细规格说明。这种规格说明的作用很类似于其他工程领域中工程师经常使用的工程蓝图，它们应该包含必要的细节，例如，程序界面，表单，需要的数据等。程序员可以根据它们写出实际的程序代码。

1）整体形象设计

在程序员进行详细设计的同时，美工应该开始设计系统的整体形象和首页。整体形象设计包括标准字，Logo，标准色彩，广告语等。首页设计包括版面，色彩，图像，动态效果，图标等风格设计，也包括 Banner，菜单，标题，版权等模块设计。

2）开发制作

程序员和美工同时进入开发阶段，需要提醒的是，测试人员需要随时测试网页与程序，发现 Bug 立刻记录并反馈修改。等到完全制作完毕再测试，会浪费大量的时间和精力。项目经理需要经常了解项目进度，协调和沟通程序员与美工设计师的工作。

3）调试完善

在系统初步设计完成后，上传到服务器，对网站进行全范围的测试。包括速度，兼容性，交互性，链接正确性，程序健壮性，超流量测试等，发现问题及时解决并记录下来。

为什么要记录文档呢？其实本软件工程本身就是一个文档，是一个不断充实和完善的标准。通过不断的发现问题，解决问题，修改，补充文档，使这个标准越来越规范，越来越工业化。进而使得系统开发趋向规范、合理。

最后需要说明的是，Web 在设计过程中需遵循的一些规范。Web 开发的分散性和交互性，决定了 Web 开发必须遵从一定的开发规范和技术约定。只有每个开发人员都按照一个共同的规范去设计、沟通、开发、测试、部署，才能保证整个开发团队协调一致的工作，从而提高开发工作效率，提升工程项目质量。开发规范和技术约定主要包括：

（1）目录规范。目录建立的原则：以最少的层次提供最清晰、简便的访问结构。

（2）文件命名规范。文件命名的原则：以最少的字母达到最容易理解的意义。

（3）链接结构规范。链接结构的原则：用最少的链接，使得浏览最有效率。首页和一级页面之间用星状链接结构，一级页面和二级页面之间用树状链接结构。超过三级页面，在页面顶部设置导航条。

（4）数据库命名约定。

（5）对象及变量命名约定：每个变量名必须先定义，再使用。

（6）图形对象约定。

本 章 小 结

本章从 Web 的起源开始，用通俗易懂的语言，通过实际生活中的实例，介绍了 Web 应用程序开发所涉及的基本概念，以及构成 Web 体系结构的基本元素：Web 服务器、Web 浏览器、浏览器与服务器之间的通信协议 HTTP（Hypertext Transfer Protocol，超文本传输协议）、编写 Web 文档的语言 HTML（Hypertext Markup Language，超文本标记语言），以及用来标识 Web 上资源的 URL（Universal Resource Locator，统一资源定位器）。

Web 是一种基于客户端/服务器、采用 Internet 网络协议的体系结构，是一种基于 Internet 的超文本信息系统，它涉及 Web 的许多技术，包括客户端技术和服务端技术。由于 Web 是一种典型的分布式应用结构。Web 应用中的每一次信息交换都要涉及客户端和服务端。本章介绍了客户端/服务器模型的两种形式：C/S 结构和 B/S 结构，因 Web 程序大都采用 B/S 结构，所以重点介绍了 B/S 结构的原理、体系结构及特点。接着介绍了客户端的浏览器：IE 浏览器、火狐浏览器（Mozilla Firefox）及服务器中常用的 Web 服务器：IIS、Apache

和 Tomcat 服务器，读者应重点掌握浏览器从 Web 服务器获得 Web 页面的过程。最后在读者已掌握基本概念的情况下，介绍了 Web 应用程序的执行过程和开发步骤。通过本章的学习，读者会对 Web 应用程序有一个整体的框架结构，为后面各部分内容的学习有非常大的帮助。

习　题　1

一、单项选择题

1. 万维网引入了超文本的概念，超文本指的是（　　）。
   A. 包含多种文本的文本 　　　　　　　B. 包含图像的文本
   C. 包含多种颜色的文本 　　　　　　　D. 包含链接的文本

2. HTML 指的是（　　）。
   A. 超文本标记语言 　　　　　　　　　B. 文件
   C. 超媒体文件 　　　　　　　　　　　D. 超文本传输协议

3. 用户要想在网上查询 Web 信息，必须要安装并运行一个被称为（　　）的软件。
   A. HTTP 　　　　　B. YAHoo 　　　　　C. 浏览器 　　　　　D. 万维网

4. HTTP 的中文意思是（　　）。
   A. 布尔逻辑搜索 　　　　　　　　　　B. 电子公告牌
   C. 文件传输协议 　　　　　　　　　　D. 超文本传输协议

5. URL 的含义是（　　）。
   A. 信息资源在网上什么位置和如何访问的统一的描述方法
   B. 信息资源在网上什么位置及如何定位寻找的统一的描述方法
   C. 信息资源在网上的业务类型和如何访问的统一的描述方法
   D. 信息资源网络地址的统一的描述方法

6. 下面是某单位主页的 Web 地址，其中符合 URL 格式的是（　　）。
   A. Http//www.shiyi.edu.cn 　　　　　　B. Http:www.shiyi.edu.cn
   C. Http://www.shiyi.edu.cn 　　　　　　D. Http:www.shiyi.edu.cn

7. 在一个"http://www.shiyi.edu.cn/welcome.html"中，其中"www.shiyi.edu.cn"是指：（　　）。
   A. 一个主机的域名 　　　　　　　　　B. 一个主机的 IP 地址
   C. 一个 Web 主页 　　　　　　　　　　D. 网络协议

8. 网络服务器是指（　　）。
   A. 具有通信功能的 Pentium III 或 Pentium 4 高档微机
   B. 为网络提供资源，并对这些资源进行管理的计算机
   C. 带有大容量硬盘的计算机
   D. 32 位总线结构的高档微机

9. Web 是一个基于（　　）的信息服务系统。
   A. 电子邮件 　　　　B. 超文本技术 　　　　C. 文件传输 　　　　D. 多媒体

10．关于 Web 服务，下列说法错误的是（　　）。

    A．Web 服务采用的主要传输协议是 HTTP

    B．服务以超文本方式组织网络多媒体信息

    C．用户访问 Web 服务器可以使用统一的图形用户界面

    D．用户访问 Web 服务器不需要知道服务器的 URL 地址

11．Web 的工作模式是（　　）。

    A．客户机/服务器（C/S）　　　　　　B．浏览器/服务器（B/S）

    C．浏览器/客户机（B/C）　　　　　　D．客户机/浏览器（C/B）

12．WWW 的意思是（　　）。

    A．网页　　　　　　　　　　　　　　B．万维网

    C．浏览器　　　　　　　　　　　　　D．超文本传输协议

13．与 B/S 构相比，C/S 结构最大的特点是（　　）。

    A．不需要安装客户端软件　　　　　　B．需要安装客户端软件

    C．可以直接在浏览器中操作　　　　　D．没有特殊要求

14．Web 服务器的最基本的任务是（　　）。

    A．传输文件　　　　　　　　　　　　B．获取信息

    C．处理客户机请求　　　　　　　　　D．处理客户机请求并做出响应

15．有关 C/S、B/S 结构，下列说法错误的是（　　）。

    A．在 C/S 结构，即客户端/服务器结构中，有专门的数据库服务器，但客户端还要运行客户端应用程序，这也叫做胖客户端

    B．在 B/S 结构中，客户端在浏览器中只负责表示层逻辑的实现，业务逻辑和数据库都在服务器端运行。也就是说，应用程序部署在服务器端，客户端通过浏览器访问应用程序

    C．通常 B/S 结构中，客户端发送 HTTP 请求消息传给服务器，服务器将请求传递给 Web 应用程序，Web 应用程序处理请求，并把相应的 HTML 页面传给客户端

    D．Web 应用是基于 C/S 结构的，也就是客户机/服务器结构

二、填空题

1．构成 Web 应用体系结构的五个元素包括：_____；_____；_____；_____和_____。

2．超文本（Hypertext）是一种_____友好的计算机_____技术，可以对文本的有关词汇或句子建立链接，使其指向其他段落、文本或弹出注解。

3．浏览器（Browser）是 Web_____端程序，用户要浏览 Web 页面时，必须在本地计算机上安装_____软件。

4．所谓 Web 服务器，就是那些对信息进行组织、存储和发布到_____中，从而使得_____中的其他计算机可以读取 Web 服务器上信息的计算机。

5．C/S 模式将应用分为两层：前端是_____，一般使用微型计算机；后端是_____，可以使用各种类型的计算机。

6．常用的 Web 服务器有_____；_____；_____等，常用的浏览器有_____；_____等。

7．B/S 结构的中文意思是_____，C/S 结构的中文意思是_____。

8．Web 是一种基于_____模型、采用_____网络协议的体系结构，Web 技术包括_____端技术和_____端技术。

三、简述题

举例说明自己接触过的 Web 应用，根据所学知识说明它的执行过程。

第 2 章　HTML 标记语言

2.1　HTML 介绍

超文本标记语言（Hyper Text Markup Language，HTML）是为"网页创建和其他可在网页浏览器中看到的信息"设计的一种标记语言。HTML 被用来结构化信息，例如标题、段落和列表等，也可用来在一定程度上描述文档的外观和语义。

HTML 语言于 1982 年由 Tim Berners-Lee 给出了最初的原始定义，后由 IETF（互联网工程工作小组）用简化的 SGML（标准通用置标语言）语法进行进一步发展，后来成为国际标准，由万维网联盟（W3C）维护。超文本传输协议规定了浏览器在运行 HTML 文档时所遵循的规则和进行的操作。HTTP 协议的制定使浏览器在运行超文本时有了统一的规则和标准。用 HTML 编写的超文本文档称为 HTML 文档，它能独立于各种操作系统平台，自 1990 年以来 HTML 就一直被用作 WWW 的信息表示语言，使用 HTML 语言描述的文档，需要通过 Web 浏览器显示出效果。

HTML 只是一个纯文本文档。创建一个 HTML 文档（或称为 HTML 文件），只需要两个工具，一个是 HTML 编辑器，另一个是 Web 浏览器。HTML 编辑器是用于生成和保存HTML 文档的应用程序。Web 浏览器是用来打开 Web 网页文档，提供给我们查看 Web 资源的客户端程序。包含 HTML 内容的文档最常用的扩展名是.html，但是像 DOS 这样的旧操作系统限制扩展名为最多 3 个字符，所以.htm 扩展名也被使用。

2.2　页　面　布　局

一个 HTML 文档是由一系列的元素和标签（或者称为标记）组成。其中，元素名不区分大小写。HTML 用标签来规定元素的属性和它在文档中的位置。一个完整的 HTML 超文本文档分文档头和文档体两部分。在文档头里，对这个文档进行了一些必要的定义，文档体中才是浏览器要显示的各种文档信息。

标签是 HTML 语言最重要的元素，用来分割和标签文本，以形成文本的布局、文字的格式及五彩缤纷的画面。标签通过指定某块信息为段落或标题等来标识文档某个部件，而属性是标签里的参数或选项。在 HTML 中用 "<" 和 ">" 括起来。

HTML 的标签分单标签和成对标签两种。成对标签是由首标签<标签名>和尾标签</标签名>组成的，成对标签的作用域只作用于这对标签中的文档。单独标签的格式<标签名>，单独标签在相应的位置插入元素就可以了，大多数标签都有自己的一些属性，属性要写在首标签内，属性用于进一步改变显示的效果，各属性之间无先后次序，属性是可选的，属性也可以省略而采用默认值。

其格式如下：

<标签名 属性名 1=属性值 属性 2=属性值 属性 3=属性值 … >内容</标签名>

作为一般的原则，大多数属性值不用加双引号。但是包括空格、"%"，"＃"等特殊字符的属性值必须加入双引号。

现在来学习几种比较常用和重要的标签。

2.2.1　html 和 body 标签

<html>标签是一个成对标签，用于定义整个 HTML 文档的总结构，<html> </html>在文档的最外层，文档中的所有文本和标签都包含在其中，它表示该文档是以超文本标记语言（html）编写的。事实上，现在常用的 Web 浏览器都可以自动识别 html 文档，并不要求有<html>标签，也不对该标签进行任何操作，但是为了使 HTML 文档能够适应不断变化的 Web 浏览器，还是应该养成不省略这对标签的良好习惯。

<body>标签也是一个成对标签，用于定义 HTML 文档中可供浏览器显示的浏览内容，页面的主体必须定义在<body>和</body>之间才能够在浏览器中显示给用户。

关于<body>标签主要有如下属性，见表 2-1。

表 2-1　<body>标签的主要属性

属　性	描　述
link	设定页面默认的链接颜色
alink	设定鼠标正在单击时的链接颜色
vlink	设定访问后链接文字的颜色
background	设定页面背景图像
bgcolor	设定页面背景颜色
leftmargin	设定页面的左边距
topmargin	设定页面的上边距
text	设定页面文字的颜色

2.2.2　head 和 title 标签

<head></head>是 HTML 文档的头部标签，在浏览器窗口中，头部信息是不被显示在正文中的，在此标签中可以插入其他标签，用以说明文档的标题和整个文档的一些公共属性。若不需头部信息则可省略此标签，良好的习惯是不省略。

<title>和</title>是嵌套在<head>头部标签中的，标签之间的文本是文档标题，它被显示在浏览器窗口的标题栏。

通过上述四个标签，就可以定义一个最基本的 HTML 文档的整体结构。下面是一个最基本的 HTML 文档的代码和效果。

例 2.1　最基本的页面结构。

```
<html>
```

```
    <head>
     <title>HTML 示例</title>
    </head>
    <body>
    我的第一个 HTML 页面
    </body>
    </html>
```

本页面的效果如图 2.1 所示。

图 2.1　"我的第一个 HTML 页面"

2.2.3　p 标签

<p>标签是段落标签，由<p>标签所标识的文字，代表同一个段落的文字。不同段落间的间距等于连续加了两个换行符，也就是要隔一行空白行，用以区别文字的不同段落。它可以单独使用，也可以成对使用。单独使用时，下一个<p>标签的开始就意味着上一个<p>标签的结束。良好的习惯是成对使用。

基本格式为：

```
    <p>
```

或

```
    <p    align=属性值>
```

其中，align 是<p>标签的属性，有 3 个属性值：left，center，right。这三个属性值分别设置段落文字的左，中，右位置的对齐方式。

例 2.2　段落标签<p>的使用。

```
    <html>
    <head>
        <title>段落标签的使用</title>
    </head>
    <body>
    <p>超文本标记语言（HyperText Markup Language，HTML）是为"网页创建和其他可在网页
浏览器中看到的信息"设计的一种标记语言。HTML 被用来结构化信息，例如标题、段落和列表等，也可
用来在一定程度上描述文档的外观和语义。
```

</p><p>HTML 语言于 1982 年，由 Tim Berners-Lee 给出了最初的原始定义，后由 IETF（互联网工程工作小组）用简化的 SGML（标准通用置标语言）语法进行进一步发展的 HTML，后来成为国际标准，由万维网联盟（W3C）维护。超文本传输协议规定了浏览器在运行 HTML 文档时所遵循的规则和进行的操作。HTTP 协议的制定使浏览器在运行超文本时有了统一的规则和标准。用 HTML 编写的超文本文档称为 HTML 文档，它能独立于各种操作系统平台，自 1990 年以来 HTML 就一直被用作 WWW（World Wide Web，万维网）的信息表示语言，使用 HTML 语言描述的文档，需要通过 Web 浏览器显示出效果。
</p>
</body>
</html>

将本章前面两段文字通过段落标签处理，仍然可以在网页中分成两段，具体效果如图 2.2 所示。

图 2.2　加入段落标签后的效果

2.2.4　div 和 span 标签

<div>标签可定义文档中的分区或节。<div>标签可以把文档分割为独立的、不同的部分。它可以用作严格的组织工具，并且不使用任何格式与其关联。如果用 id 或 class 来标记<div>，那么该标签的作用会变得更加有效。本章后面的内容将会具体介绍<div>标签和 CSS 的结合使用。

<span>标签被用来组合文档中的行内元素。<span>标签没有固定的格式表现。当对它应用 CSS 时，它才会产生视觉上的变化。

2.2.5　img 标签

在网页中插入图片用单标签<img>，当浏览器读取到<img>标签时，就会显示此标签所设定的图像。如果要对插入的图片进行修饰时，需要配合该标签的属性来完成。<img>标签的主要属性见表 2-2。

表 2-2　<img>标签的主要属性

属　性　名	描　　述
src	图像的 url 路径
alt	提示文字
width	宽度，通常只设为图片的真实大小以免失真，改变图片大小时，最好使用图像工具

续表

属　性　名	描　　述
height	高度，通常只设为图片的真实大小以免失真，改变图片大小时，最好使用图像工具
lowsrc	设定低分辨率图片，若所加入的是一张很大的图片，可先显示图片
align	图像和文字之间的排列属性
border	边框
hspace	水平间距
vlign	垂直间距

例 2.3　在网页中插入图片。

```
<html>
<body>
<p>鼠标：<br/>
<img src="eg_mouse.jpg" width="128" height="128" align="left">
    鼠标是一种重要的计算机输入设备，它从出现到现在已经有 40 年的历史了。鼠标的使用是为
了使计算机的操作更加简便，来代替键盘那繁琐的指令。
</p>
</body>
</html>
```

本页面将同目录下的图片文件"eg_mouse.jp"插入网页，提高了页面的整体阅读性，具体效果如图 2.3 所示。

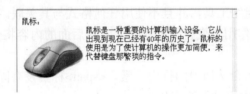

图 2.3　在网页中插入图片

2.2.6　a 标签

HTML 文档中最重要的应用之一就是超链接，超链接是一个网站的灵魂，Web 上的网页是互相链接的，单击被称为超链接的文本或图形就可以链接到其他页面。超文本具有链接能力，可层层链接相关文档，这种具有超级链能力的操作，即称为超级链接。超级链接除了可链接文本外，也可链接各种媒体，如声音、图像、动画，通过它们可以享受丰富多彩的多媒体世界。

<a>和</a>标签是用来建立超链接的标签，其格式为：

```
<a href="资源地址"target="打开链接的窗口名称"title="指向连接时显示的文字">超链接名称
</a>
```

<a>标签的主要属性见表 2-3。

表 2-3　<a>标签的主要属性

属　性	描　述	备　注
href	定义了这个链接所指的目标地址	
target	指定打开链接的目标窗口，有四种方式供选择，其默认方式是原窗口	_parent：在上一级窗口中打开，一般使用在有框架页面中 _blank：在新窗口中打开 _self：在本窗口中打开，默认值 _top：在浏览器的整个窗口中打开，忽略任何框架
title	用于指定指向链接时所显示的标题文字	

例 2.4　用于链接文档中的特定位置的标签链接。

```
<html>
<body>
<p>
<a href="#C4">查看第 4 章</a>
</p>
<h2>第 1 章</h2>
<p>讲解客户端/服务器模型，IE 和 Firefox 等常用浏览器以及它们之间功能区别、Web 应用程
序的基本概念等。</p>

<h2>第 2 章</h2>
<p>简介 HTML 的基本语法和应用</p>

<h2>第 3 章</h2>
<p>讲解 Dreamweaver 的实际操作以及创建内容丰富的 Web 页面</p>

<h2><a name="C4">第 4 章</a></h2>

<p>介绍 IIS 的配置及使用、ASP 开发环境的搭建、ASP.Net 开发环境的搭建、Visual Studio 2005
集成开发环境的使用以及其他 Web 开发环境。</p>

<h2>第 5 章</h2>
<p>介绍 JavaScript 的基本语法、IE 内置对象、JavaScript 脚本内置对象以及在 IE 浏览器中客户
端脚本程序编写的相关内容。</p>
</body>
</html>
```

本页面的效果如图 2.4 所示，当用户单击"查看第 4 章"文本链接时，页面将指向第 4
章开头。

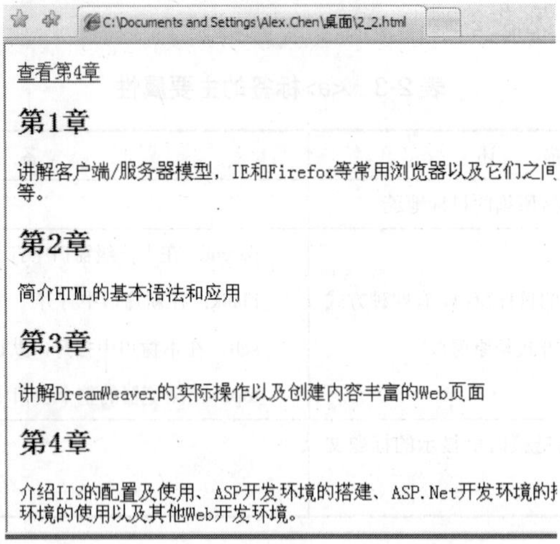
C:\Documents and Settings\Alex.Chen\桌面\2_2.html
查看第4章
第1章
讲解客户端/服务器模型，IE和Firefox等常用浏览器以及它们之间
等。
第2章
简介HTML的基本语法和应用
第3章
讲解DreamWeaver的实际操作以及创建内容丰富的Web页面
第4章
介绍IIS的配置及使用、ASP开发环境的搭建、ASP.Net开发环境的
环境的使用以及其他Web开发环境。

图 2.4　用于链接文档中的特定位置的标签链接

例 2.5　将图片用作链接。

```
<html>
<body>
<p>
您也可以使用图像来作链接：<br/>
<a href="page1.html"> <img border="0" src="next_button.gif" /> </a>
</p>
</body>
</html>
```

本例中，需要在本页面同一目录下有“next_button.gif”图片和另一个网页“page1.html”。具体效果如图 2.5 所示，当单击图片后，页面将跳转到 page1 网页。

C:\Documents and Settings\Alex.Chen\桌面\2_3.html
您也可以使用图像来作链接：

图 2.5　将图片用作链接

2.2.7　br 和 hr 标签

换行标签
是个单标签，也称空标签，不包含任何内容，起到一个换行的作用。在 html 文件中的任何位置只要使用了
标签，当文件显示在浏览器中时，该标签之后的内容将显示到下一行。

水平分隔线标签<hr>是单独使用的标签，用于段落与段落之间的分隔，使文档结构清晰明了，使文字的编排更整齐。通过设置<hr>标签的属性值，可以控制水平分隔线的样式。其主要属性见表 2-4。

表 2-4　<hr>标签的主要属性

属　　性	参　　数	功　　能	单　　位	默　认　值
size		设置水平分隔线的粗细	pixel（像素）	2
width		设置水平分隔线的宽度	pixel（像素）或%	100%
align	left center right	设置水平分隔线的对齐方式		center
color		设置水平分隔线的颜色		black
noshade		取消水平分隔线的 3d 阴影		

2.2.8　ol 和 li 标签

<ol>标签用于表示有序列表，它是一个成对标签，为<ol></ol>，其中每一个列表项前使用<li>。<ol>列表的结果是带有前后顺序之分的编号。如果插入和删除一个列表项，编号会自动调整。顺序编号的设置是由<ol>的两个属性 type 和 start 来完成的。

<ol>标签的主要属性见表 2-5。

表 2-5　<ol>标签的主要属性

属　　性	描　　述	备　　注
start	编号开始的数字	也可以在包含的<li>标签中设定 value＝"n"来改变列表行项目的特定编号，例如<li value="7">
type	用于编号的数字、字母等的类型	type=1 表示列表项目用数字标号（1，2，3…） type=A 表示列表项目用大写字母标号（A，B，C…） type=a 表示列表项目用小写字母标号（a，b，c…） type=I 表示列表项目用大写罗马数字标号（Ⅰ，Ⅱ，Ⅲ…） type=i 表示列表项目用小写罗马数字标号（i，ii，iii…）

和<ol>标签类似，<ul>标签用于表示无序列表，它也是一个成对标签，为<ul></ul>，其中每一个列表项前使用<li>。<ul>标签中的内容没有顺序，所以 start 属性对于它没有任何意义。

例 2.6　序列标签的使用。

```
<html>
<body>
```

使用 ol 标签

```
<ol start="2" type="A">
    <li>数学</li>
    <li>英语</li>
    <li>语文</li>
```

```
        </ol>
        <hr/>
```

使用 ul 标签

```
    <ul start="2" type="A">
        <li>数学</li>
        <li>英语</li>
        <li>语文</li>
    </ul>
    </body>
    </html>
```

本例中，你可以清楚地看到无序和有序标签的区别，具体效果如图 2.6 所示。

图 2.6　无序和有序标签的效果对比

2.3　表　　格

表格在网站中的应用非常广泛，可以方便灵活地排版，很多网站也都是借助表格排版，表格可以把相互关联的信息元素集中定位，使页面一目了然。所以说要制作好网页，就要学好表格。

2.3.1　table 标签

在 HTML 中，<table>标签可定义表格。在<table>标签内部，你可以放置表格的标题、表格行、表格列、表格单元，以及其他的表格。

<table>标签的主要属性见表 2-6。

表 2-6　<table>标签的主要属性

属　　性	描　　述
align	排列表格，不赞成使用，请使用样式取而代之 可选值：left；center；right
bgcolor	规定表格的背景颜色，不赞成使用，请使用样式取而代之
border	规定表格边框的宽度。可通过设置 border="0"来显示无边框的表格
cellpadding	规定单元格边沿与其内容之间的空白

属　　性	描　　述
cellspacing	规定单元格之间的空白
width	规定表格的宽度

2.3.2　tr 和 td 标签

在一个最基本的表格中，必须包含一组<table>标签，一组标签<tr>和一组<td>标签。其中，<tr>在表格中定义一行；<td>定义表格中的一个单元格。所以。<td>应该嵌套在<tr>中使用。下面通过两个实例来学习表格及相关标签。

例 2.7　基本表格。

```
<html>
<body>
<p>每个表格由 table 标签开始。</p>
<p>每个表格行由 tr 标签开始。</p>
<p>每个表格数据由 td 标签开始。</p>
<h4>一行一列：</h4>
<table border="1">
<tr>
    <td>100</td>
</tr>
</table>
<h4>两行三列：</h4>
<table border="1">
<tr>
    <td>100</td>
    <td>200</td>
    <td>300</td>
</tr>
<tr>
    <td>400</td>
    <td>500</td>
    <td>600</td>
</tr>
</table>
</body>
</html>
```

本页面的效果图如图 2.7 所示。

图 2.7　基本表格

例 2.8　定义跨行或跨列的表格单元格。

```html
<html>
<body>
  <table border="1">
    <tr>
        <td rowspan="2">跨两行</td>
        <td colspan="2">跨两列</td>
    </tr>
    <tr>
        <td>100</td>
        <td>100</td>
    </tr>
    <tr>
        <td>300</td>
        <td>200</td>
        <td>400</td>
    </tr>
  </table>
</body>
</html>
```

具体效果如图 2.8 所示。

图 2.8　定义跨行或跨列的表格单元格

2.4　表　　单

表单在 Web 网页中用来给用户填写信息，从而能采集客户端信息，使网页具有交互的功能。一般是将表单设计在一个 HTML 文档中，当用户填写完信息后做相应的提交操作，于是表单的内容就从客户端的浏览器传送到服务器上，经过服务器上的 ASP 等 Web 服务器端技术处理后，再将用户所需信息传送回客户端的浏览器上，这样网页就具有交互性。本章只讲怎样使用 html 标签来设计表单，本书后面的章节将会具体介绍服务器端的处理技术。

表单是由窗体和控件组成的，一个表单一般应该包含用户填写信息的输入框，提交和按钮等，这些输入框、按钮叫做控件，表单很像容器，它能够容纳各种各样的控件。

2.4.1　form 标签

html 文档中，一个表单用<form></form>标签来创建。在开始和结束标识之间的一切定义都属于表单的内容。

<form>标签具有 action、method 和 target 属性，各属性见表 2-7。

表 2-7　<form>标签的主要属性

属　　性	描　　述	备　　注
action	用来接收表单信息并处理表单的程序的 url 地址	如果这个属性是空值，则当前文档的 url 将被使用
method	用来定义处理程序从表单中获得信息的方式	可取值为 GET 和 POST 的其中一个： 　GET 方法，浏览器会与表单处理服务器建立连接，然后直接在一个传输步骤中发送所有的表单数据；浏览器会将数据直接附在表单的 action URL 之后。这两者之间用问号进行分隔 　POST 方法，浏览器首先将与 action 属性中指定的表单处理服务器建立联系，一旦建立连接之后，浏览器就会按分段传输的方法将数据发送给服务器 　GET 是 html 默认传送方法
target	用来指定目标窗口	可选值： 当前窗口：_self 父级窗口：_parent 顶层窗口：_top 空白窗口：_blank

基本的表单标签的使用格式如下：

```
<form action="url" method=getlpost name="myform" target="_blank">
   <!-- 表单内容 -->
```

　　</form>

2.4.2 节将结合<input>标签通过实例来具体讲解<form>标签的使用方法。

2.4.2　input 标签

　　在 HTML 语言中，<input>标签具有重要的地位，它能够将浏览器控件加载到 HTML 文档中，用于获取用户的输入信息，该标签是单个标签，没有结束标签。<INPUT type="">标签用来定义一个用户输入区，用户可在其中输入信息。此标签必须放在<form></form>标签对之间。<input　type="">标签中共提供了 9 种类型的输入区域，具体是哪一种类型由 type 属性来决定。

　　由于各种输入区域类型不同，因此每种输入区域也有不同的属性。但是各种输入区域都有属性 name，此属性给每一个输入区域一个名字，该属性也是必需的属性。这个名字与输入区域是一一对应的，即一个输入区域对应一个名字。服务器通过调用某一输入区域的 name 属性来获得该区域的数据。此外，value 属性也是一个公共属性，它可用来指定输入区域的默认值。

　　其他各属性因输入区域类型不同而有所不同。各 type 属性值对应的输入区域类型及其各自不同的属性见表 2-8。

表 2-8　<input>标签表示的不同输入区类型及其属性

type 属性取值	输入区域类型	控件的属性及说明
<input type="text" size="" maxlength="">	单行的文本输入区域，size 与 maxlength 属性用来定义此种输入区域显示的尺寸大小与输入的最大字符数	（1）name：定义控件名称 （2）value：指定控件初始值，该值就是浏览器被打开时在文本框中的内容 （3）size：指定控件宽度，表示该文本输入框所能显示的最大字符数 （4）maxlength：表示该文本输入框允许用户输入的最大字符数 （5）onchang：当文本改变时要执行的函数 （6）onselect：当控件被选中时要执行的函数 （7）onfocus：当文本接受焦点时要执行的函数
<input type="button">	普通按钮，当这个按钮被单击时，就会调用属性 onclick 指定的函数；在使用这个按钮时，一般配合使用 value 指定在它上面显示的文字，用 onclick 指定一个函数，一般为 JavaScript 的一个事件	这 3 个按钮有下面共同的属性： （1）name：指定按钮名称 （2）value：指定按钮表面显示的文字 （3）onclick：指定单击按钮后要调用的函数 （4）onfocus：指定按钮接受焦点时要调用的函数
<input type="submit">	提交到服务器的按钮，当这个按钮被单击时，就会连接到表单 form 属性 action 指定的 url 地址	
<input type="reset">	重置按钮，单击该按钮可将表单内容全部清除，重新输入数据	

续表

type 属性取值	输入区域类型	控件的属性及说明
\<input type="checkbox" checked\>	一个复选框，checked 属性用来设置该复选框默认时是否被选中	checkbox 用于多选，有以下属性： （1）name：定义控件名称 （2）value：定义控件的值 （3）checked：设定控件初始状态是被选中的 （4）onclick：定义控件被选中时要执行的函数 （5）onfocus：定义控件为焦点时要执行的函数
\<input type="hidden"\>	隐藏区域，用户不能在其中输入信息，用来预设某些要传送的信息	hidden 隐藏控件，用于传递数据，对用户来说是不可见的，属性有： （1）name：控件名称 （2）value：控件默认值 （3）hidden：隐藏控件的默认值会随表单一起发送给服务器，例如：\<input type="Hidden" name="ss" value="688"\> 控件的名称设置为 ss，设置其数据为"688"，当表单发送给服务器后，服务器就可以根据 hidden 的名称 ss，读取 value 的值 688
\<input type="image" src="图片的 url 地址"\>	使用图像来代替 Submit 按钮，图像的源文件名由 src 属性指定，用户单击后，表单中的信息和单击位置的 X、Y 坐标一起传送给服务器	（1）nam：指定图像按钮名称 （2）src：指定图像的 url 地址
\<input type="password"\>	输入密码的区域，当用户输入密码时，区域内将会显示"*"号	password 口令控件 表示该输入项的输入信息是密码，在文本输入框中显示"*"，属性有： （1）name：定义控件名称 （2）value：指定控件初始值，该值就是浏览器被打开时在文本框中的内容 （3）size：指定控件宽度，表示该文本输入框所能显示的最大字符数 （4）maxlength：表示该文本输入框允许用户输入的最大字符数
\<input type="radio"\>	单选按钮类型，checked 属性用来设置该单选框默认时是否被选中	radio 用于单选 （1）name：定义控件名称 （2）value：定义控件的值 （3）checked：设定控件初始状态是被选中的 （4）onclick：定义控件被选中时要执行的函数 （5）onfocus：定义控件为焦点时要执行的函数 当为单选项时，所有按钮的 name 属性必须相同

例 2.9　通过页面获得用户的输入信息。

```
<html>

<body>
问卷调查<br/>
<form action="#" method="POST">
    1.你的姓名：<input type="text" name="year"/><br/>
    2.你的性别：<input type="radio" name="sex" checked="true"/>男
                <input type="radio" name="sex"/>女<br/>
  <input type="submit" value="提交我的问卷"/>
</form>

</body>
</html>
```

本页面中，在表单中定义了 4 个输入控件，一个文本框，一对单选按钮和一个提交按钮，当用户输入数据并单击"提交我的问卷"按钮，生成的参数就可以提交到表单标签中 action 属性指定的 url 地址，在本例中"#"表示提交到本页面。具体效果如图 2.9 所示。

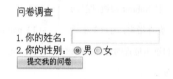

图 2.9　通过页面获得用户的输入信息

2.4.3　select 和 option 标签

<select></select>标签对用来创建一个菜单下拉列表框。此标签对用于<form> </form>标签对之间。<select>具有 multiple、name 和 size 属性。multiple 属性不用赋值，直接加入标签中即可使用，加入了此属性后，列表框就成了可多选的了；name 是此列表框的名字，它与上述讲的 name 属性作用是一样的；size 属性用来设置列表的高度，缺省时值为 1，若没有设置（加入）multiple 属性，显示的将是一个弹出式的列表框。

<option>标签用来指定列表框中的一个选项，它放在<select></select>标签对之间。此标签具有 selected 和 value 属性，selected 用来指定默认的选项，value 属性用来给<option>指定的那一个选项赋值，这个值是要传送到服务器上的，服务器正是通过调用<select>区域名字的 value 属性来获得该区域中的数据项。

例 2.10　一个简单的下拉选项框。

```
<html>
<head>
<title>下拉选项框</title>
```

```
</head>
<body>
<form>
请选择你喜欢的车型：
<select name="cars">
<option value="volvo">Volvo</option>
<option value="saab">Saab</option>
<option value="fiat">Fiat</option>
<option value="audi">Audi</option>
</select>
</form>
</body>
</html>
```

本例中，当你选择了某种车型，例如选择"Audi"，表单将会提交参数 cars=audi，将数据交给 form 标签中的 action 属性指定的 url 地址。本页面效果如图 2.10 所示。

图 2.10　一个简单的下拉选项框

2.5　页 面 美 化

HTML 除了提供了基本的页面标签外，为了美化页面，使 Web 应用能多姿多彩，HTML 也提供了一些必要的标签用于设计者在自己的页面中进行美化设计。

2.5.1　font 标签

文字是页面最主要的元素，因此文字的美化设计对页面的美感有很大影响。<font>标签用于控制文字的字体，大小和颜色。控制方式是利用属性设置得以实现的。其主要属性见表 2-9。

表 2-9　<font>标签的主要属性

属　　性	描　　述	默　认　值
face	设置文字使用的字体	宋体
size	设置文字的大小	3
color	设置文字的颜色	黑色

<font>标签的一般使用格式为：

```
<font face="属性值" size="属性值" color="属性值"> 文字 </font>
```

2.5.2　strong 和 b 标签

在有关文字的显示中，常常会使用一些特殊的字形或字体来强调、突出、区别以达到提示的效果。

其中，<strong>标签用于特别强调的文本，该标签修饰的文字内容显示为粗体字。<b>标签为粗体标签，放在<b>与</b>标签对之间的文字将以粗体方式显示。

2.5.3　i 和 u 标签

<i>标签为斜体标签，放在<i>与</i>标签对之间的文字将以斜体方式显示。

<u>标签为下画线标签，放在<u>与</u>标签对之间的文字将以下画线方式显示。

例 2.11　文字标签的综合运用。

```
<html>
<body>
文字标签的应用<br/>
<p>本段文字使用了<font face="黑体" size="10" color="red">font 标签</font>来定义字体。</p>
<p>本段文字包含了<b>粗体</b>，<strong>强调</strong>，<i>斜体</i>，和<u>下画线</u>等多
种修饰文字。</p>
</body>
</html>
```

本例效果如图 2.11 所示。

图 2.11　文字标签的综合应用

2.5.4　marquee 标签

此外，在网页的设计过程中，添加一些动态或多媒体效果，会使网页更加生动灵活、丰富多彩。

其中，<marquee>标签可以实现元素在网页中移动的效果，以达到动感十足的视觉效果。<marquee>标签是一个成对的标签，其应用格式为：

```
<marquee>...</marquee>
```

<marquee>标签有很多属性，用来定义元素的移动方式，具体属性见表 2-10。

表 2-10　 <marquee>标签的主要属性

属　性	描　述	备　注
align	指定对齐方式	可选值： top，middle，bottom
behavior	指定移动方式	可选值： scroll：表示单向滚动 slide：表示滚动到一方后停止 alternate：表示滚动到一方后向相反方向滚动
bgcolor	设定文字滚动范围的背景颜色	
loop	设定文字滚动的次数	其值可以是正整数或 infinite 表示无限次，默认为无限循环
height	设定字幕高度	
width	设定字幕宽度	
scrollamount	指定每次滚动的速度	数值越大滚动越快
scrolldelay	文字每一次滚动的停顿时间，单位是毫秒	时间越短滚动越快
hspace	指定字幕左右空白区域的大小	
vspace	指定字幕上下空白区域的大小	
direction	设定文字的滚动方向	可选值： left：表示向左 right：表示向右 up：表示往上滚动 down：表示向下滚动

例 2.12　滚动效果的实例。

```
<html>
<head>
<title>滚动效果</title>
</head>
<body>
<marquee>我会跑了</marquee>
<p>
<marquee height="200" direction="up" hspace="200">我会往上跑了</marquee>
<p>
<marquee width="500" behavior="alternate">我来回地跑</marquee>
<P>
<marquee scrolldelay="300">我要走走停停</marquee>
<p>
<marquee><img src="go.jpg">图片也可以</marquee>
</body>
</html>
```

本页面的效果如图 2.12 所示，页面中文本和图片可以按预定的方向和速度移动，为页面增加了动感效果。

我会往上跑了

我要走走停停　　我来回地跑

图片也可以

图 2.12　滚动效果的实例

2.5.5　CSS

CSS 是 Cascading Style Sheets（层叠样式表单）的简称。很多人把它称作样式表。CSS 用于设计网页样式，借助 CSS 的强大功能，网页将在设计者丰富的想象力下千变万化。

CSS 语法非常简单，组成 CSS 语法的元素只有 CSS 选择符与 CSS 属性。每个 CSS 选择符由 1 个或多个 CSS 属性组成。CSS 对大小写不敏感，在 CSS 语法中推荐使用小写。

网页引入 CSS 有三种方式：外部引用，内部引用和内联引用。其中外部引用是 W3C 推荐的引用方式。

（1）外部引用一般使用<link>标签，将其放在<head>标签内，具体格式如下：

```
<head>
<link rel="stylesheet" type="text/css" href="style.css" />
</head>
```

采用外部引用时，CSS 定义应该存放在一个单独的 CSS 文件中。

（2）内部引用使用<style>标签直接把 CSS 文件中的内容加载到 HTML 文档内部，例如：

```
<head>
<style type="text/css">
    /*  你的样式定义  */
</style>
</head>
```

（3）内联引用则是直接把 CSS 样式作用在 HTML 中要修饰的标签中，例如，我们需要对某段文字设置样式：

```
<p style="font-size: 10px; color: #FFFFFF;">
    使用 CSS 内联引用表现段落
</p>
```

CSS 选择符就是 CSS 样式的名字，当在 HTML 文档中表现一个 CSS 样式时，就要用到一个 CSS。使用时通过 CSS 选择符（CSS 的名字）来指定此 HTML 标签使用此 CSS 样式。

选择符的基本语法格式为：

```
选择符名字
{
    声明;
}
```

其中，每一个 CSS 选择符就定义了一个样式。例如下面的例子定义了 3 种类型的选择符：

```
p
{
    font-size:12px;
}
.textblue
{
    color:blue;
}
.text18px
{
    font-size:18px;
}
#textred
{
    color:red;
}
```

其中，p 定义了 html 标签选择符；.textblue 和.text18px 定义了 id 选择符；#textred 定义了 class 选择符。对应不同的选择符类型，就有不同的使用方式。

（1）html 标签选择符，如 p 标签选择符（代表所有的段落都使用这个 CSS 样式），例如，p{font-size:12px;}。

（2）id 选择符，唯一性选择符，例如，#textred{color:red;}，就是在名字前增加了一个"#"，id 选择符在一个页面中只能出现一次，在整个网站中也最好出现一次（这样有利于程序员控制此元素，若有多个一样名称的元素，就无法分开，不好控制）。

（3）class 选择符，多重选择符，例如，.textblue{color:blue;}，就是在名字前增加了一个"."，class 选择符在一个页面中可以出现多次（注意下面的示例中 class 选择符的用法）。

当引入了已经定义的 CSS 样式后，具体使用如下：

```
<p> 使用 html 标签选择符</p>
<p id="textred">使用 id 选择符</p>
<p class="textblue">使用 class 选择符</p>
<p class="textblue  text18px">使用了两个 class 选择符，出现了多次。</p>
```

其中，需注意的是最后一个 p 元素使用了两个 class 选择符，它们之间用空格分开，而且 class 选择符可以在一个页面出现多次。

剩下的工作就是在 CSS 选择符中进行 CSS 声明，用于定义设计者需要的样式。CSS
声明是由"属性"，"冒号(:)"，"属性值"和"分号(;)"组成的。而一个 CSS 选择器中可以定义多
条 CSS 声明。

其基本语法如下：

> 属性:属性值;

例如：

> font-size:12px;

该 CSS 声明定义了 12px 大小的字体。

2.5.6　CSS 综合运用

例 2.13　CSS 的综合应用（为使读者能对比 CSS 代码，本例采用内部引用方式）。

```
<html>
<head>
    <style type="text/css">
        a:link{color:RED ; font-size:9PT;text-decoration:NONE}
        a:VISITED{color:BLUE; font-size:9PT; text-decoration:NONE}
        A:HOVER{color:GREEN; font-size:15PT; text-decoration:UNDERLINE}

        .littlered{color:RED;font-size:10px}
        .littlegreen{color:GREEN; font-size:24px}

        #yellowp { color:YELLOW }
    </style>
</head>
    <body>
        <a href="#">使用标签选择器的超级链接，靠近并点击查看效果。</a>
        <br><br>
        <div class=" littlered ">本段采用红色，而且比较小。</div>
        <p class=" littlegreen ">本段采用绿色，而且比较大。</p>
        <p id= yellowp >本段采用 ID 选择符号。</P>
    </body>
</html>
```

本页面的效果图如图 2.13 所示。本例中首行的标签<a>在 CSS 中分别定义了一般状态，
鼠标悬浮和单击后 3 种样式，因此为页面增加了动态变化效果。此外，另外 3 行文字的效
果分别是通过 3 种不同的选择符类型引入的。

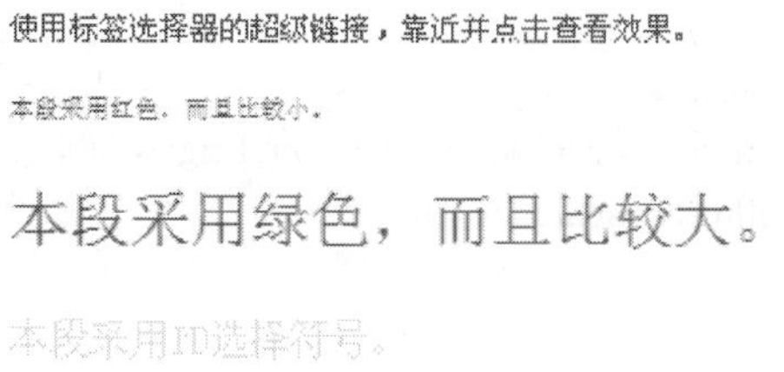

使用标签选择器的超级链接，靠近并点击查看效果。

本段采用红色，而且比较小。

本段采用绿色，而且比较大。

本段采用ID选择符号。

图 2.13　CSS 的综合应用

2.6　框　　架

框架就是把一个浏览器窗口划分为若干个小窗口，每个窗口可以显示不同的网页。使用框架可以非常方便地在浏览器中同时浏览不同的页面，也可以非常方便地完成导航工作。

2.6.1　iframe 标签

内嵌框架<iframe>标签，在一些旧的浏览器中并不支持，在各种不同的浏览器中效果也不尽相同。它的作用是在浏览器窗口中可以嵌入一个框来显示另一个网页或其他文件。

<iframe>的参数设定格式如下：

```
<iframe src="iframe.html" name="test" align="MIDDLE" width="300" height="100" marginwidth=
"1" marginheight="1" frameborder="1" scrolling="Yes">
```

<iframe>标签的主要属性见表 2-11。

表 2-11　<iframe>标签的主要属性

属　　性	描　　述
src	浮动窗口中要显示的页面文件的路径，可以是相对路径或绝对路径
name	此窗口名称，这是连接标记的 target 参数所需要的
align	可选值为 left，right，top，middle，bottom
height	窗口的高，以 pixels 为单位
width	窗口的宽，以 pixels 为单位
marginwidth	该插入的文件与框边左右边缘的距离
marginheight	该插入的文件与框边上下边缘的距离
frameborder	使用 1 表示显示边框，0 则不显示（可以是 Yes 或 No）
scrolling	使用 Yes 表示允许卷动（内定），No 则不允许卷动

例 2.14　内嵌框架实例。

```
<html>
<head>
<title>内嵌框架</title>
```

```
</head>
<body bgcolor="#E1FFE1">
<iframe src="example.html" name="aa" width="600" height="400" marginwidth="30" marginheight=
"20" align="middle" allowtransparency="true">
这是一个内嵌窗口
</iframe>
<p><a href="example1.html" target="aa">在内窗口中打开本地网页</a></p>
<p><a href="http://www.sina.com.cn" target="aa">在内窗口中打开其他网站</a></p>
</body>
</html>
```

运行本例，还需要另两个页面 example.html 和 example1.html，当单击链接时，页面将会显示在内嵌的框架中。具体效果如图 2.14 所示。

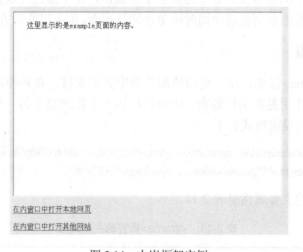

图 2.14　内嵌框架实例

2.6.2　frameset 和 frame 标签

为获得更灵活的框架设计，需要组合使用<frameset>标签和<frame>标签。

在使用<frameset>标签时，所有的框架都要放在一个 html 文件中。html 页面的文件体标签<body>被框架集标签<frameset>所取代，然后通过<frameset>的子窗口标签<frame>定义每一个子窗口和子窗口的页面属性。

基本结构格式如下：

```
<html>
<head>
</head>
<frameset>
  <frame src="url 地址 1">
  <frame src="url 地址 2">
  ......
```

```
    <frameset>
    </html>
```

frame 子框架的 src 属性的每个 url 值指定了一个 html 文件地址，地址路径可使用绝对路径或相对路径，这个文件将被载入相应的窗口中。

如上所述，<frameset>标签主要控制了框架集的整体设计。通过改变其属性可以随意改变页面的框架结构，达到设计者自身的需求。具体的属性见表 2-12。

表 2-12　<frameset>标签的主要属性

属　　性	描　　述
border	设置边框粗细，默认是 5 像素
bordercolor	设置边框颜色
frameborder	指定是否显示边框："0"代表不显示边框，"1"代表显示边框
cols	用于水平方向的分割。用"像素数"或"%"分割左右窗口，"*"表示剩余部分
rows	用于垂直方向的分割。用"像素数"或"%"分割上下窗口，"*"表示剩余部分
framespacing	表示框架与框架间的保留空白的距离
noresize	设定框架不能够调节

<frame>是个单标签，<frame>标签要放在框架集 frameset 中，<frameset>设置了几个子窗口就必须对应几个<frame>标签，而且每一个<frame>标签内还必须设定一个网页文件作为 src 属性的值。<frame>标签常用属性见表 2-13。

表 2-13　<frame>标签的主要属性

属　　性	描　　述
src	指定在子框架中要加载的文件的 url 地址
bordercolor	设置边框颜色
frameborder	指定是否要边框，"1"表示显示边框，"0"表示不显示边框
border	设置边框粗细
name	指定框架名称，是连接标签的 target 所要的参数
noresize	指定不能调整窗口的大小，省略此项时就可调整
scorlling	指定是否要滚动条，"auto"表示根据需要自动出现，"Yes"表示有滚动条，"No"表示无滚动条
marginwidth	设置内容与窗口左右边缘的距离，默认为"1"
marginheight	设置内容与窗口上下边缘的距离，默认为"1"
width	框窗的宽及高，默认为 width="100"，height="100"
align	可选值为 left，right，top，middle，bottom

子框架的排列遵循从左到右，从上到下的次序规则。

例 2.15　一个嵌套排列的框架。

```
    <html>
```

```
<head>
</head>
<frameset rows="20%,*,15%" framespacing="1" frameborder="yes" border="1" >
<frame src="frame1.html">
<frameset cols="20%,*"framespacing="1" frameborder="yes" border="1" >
<frame src="frame2.html">
<frame src="frame3.html">
</frameset>
<frame src="frame4.html">
</frameset><noframes></noframes>
</html>
```

本页面是由 4 个页面组成的，通过<frameset>标签进行了组合，具体效果如图 2.15 所示。

图 2.15　一个嵌套排列的框架

2.7　综 合 实 例

例 2.16　设计用户登录页面。

```
<html>
    <head>
    <title>用户登录</title>
    </head>
<body>
    <form action="login_check.jsp" method="POST" />
        <table width="100%" height="172"  border="0" cellpadding="0" cellspacing="0">
    <tr>
        <td width="94%" height="37"> </td>
        <td width="6%"> </td>
```

```
      </tr>

      <tr>
        <td height="26" align="center" valign="bottom">用户名
          <input name="name" type="text" size="16" maxlength="20"/>
        </td>
        <td> </td>
      </tr>

      <tr>
        <td height="30" align="center">密码  
          <input type="password" name="password" size="16" maxlength="20"/></td>
        <td> </td>
      </tr>

      <tr>
        <td height="61" align="center" valign="middle">
          <input type="submit" value="登录" name="login"/>
           <input type="reset" value="重置">
            <p><a href="register.jsp">新注册</a>
             <a href="found.jsp">找回密码</a></p>
        </td>
        <td> </td>
      </tr>
    </table>
  </form>
</body>
</html>
```

本页面效果如图 2.16 所示。

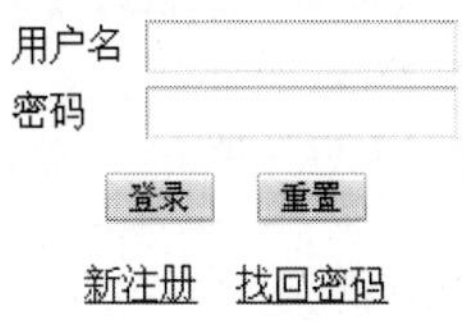

用户名 ▭

密码 ▭

登录　重置

新注册　找回密码

图 2.16　用户登录页面

例 2.17　设计一个用户注册页面。

```
<html>
<body>
  <form  action="do_submit.asp"  method="post">
    <table>
```

```
    <tr>
    <tD>姓名：</td>
    <td><input type="text" name="username"></td>
     </tr>
<tr>
    <td>密码：</td>
    <td><input type="password" name="userpwd"></td>
</tr>
<tr>
    <td>上传头像：</td>
    <td><Input type="file"></td>
</tr>
<tr>
    <td>性别：</tD>
    <TD><input type="radio" name="sex" checked>男
        <input type="radio" name="sex">女
    </td>
</tr>
    <tr>
     <td>血型：</td>
    <td>
    <input type="radio" name="blood" checked>o
    <input type="radio" name="blood">a，
    <input type="radio" name="blood">b
    <input type="radio" name="blood">ab
    </td>
</tr>
<tr>
    <td>性格：</td>
    <td>
    <input type="checkbox" checked>热情大方
    <input type="checkbox">温柔体贴
    <input type="checkbox">多情善感
    </td>
     </tr>
<tR>
    <td>简介：</td>
    <td>
    <textarea rows="8" cols="30"></textarea>
    </td>
</tr>
<tr>
    <td>城市：</td>
    <td>
```

```
            <select size=1>
            <option>北京市</option>
            <option>上海市</optioN>
            <option>南京市</option>
            </select>
            </td>
        </tr>
        <tr>
            <td><input type="submit" value="提交"></td>
            <td><input type="reset" value="重填"></td>
        </tr>
        </table>
        </form>
    </body>
    </html>
```

本页面的效果如图 2.17 所示。

图 2.17　用户注册页面

本 章 小 结

　　HTML 语言是 Web 开发的基础，是真正的浏览器语言，是 B/S 结构的客户表现形式。本章从网页的基本结构开始，通过实例详细介绍了 HTML 语言中常用标签的意义，属性和用法，并结合页面的美化，较系统地介绍了 CSS 样式表的定义和使用。其中，重点介绍了链接<a>、表格<table>、表单<form>、输入<input>4 个标签，它们是动态网页和静态网页的链接，也是学习的重点和难点。最后本章通过两个较完整的开发实例，系统地将整个 HTML 语言知识综合应用。通过本章的学习，了解网页制作的基本原理并掌握页面的制作方法，为后面章节的学习打下基础。

习 题 2

一、选择题

1. 为了标识一个 HTML 文件应该使用的 HTML 标签是（　　　）。
   - A. <p></p>
   - B. <boby></body>
   - C. <html></html>
   - D. <table></table>

2. 下列哪一项表示的不是按钮（　　　）。
   - A. type="submit"
   - B. type="reset"
   - C. type="image"
   - D. type="button"

3. 下列关于表格的描述中，正确的一项是（　　　）。
   - A. 在单元格内不能继续插入整个表格
   - B. 可以同时选定不相邻的单元格
   - C. 粘贴表格时，不粘贴表格的内容
   - D. 在网页中，水平方向可以并排多个独立的表格

4. 要使表格的边框不显示，应设置 border 的值是（　　　）。
   - A. 1
   - B. 0
   - C. 2
   - D. 3

5. 下面哪一项是换行符标签？（　　　）
   - A. <body>
   - B. <font>
   - C.
   - D. <p>

6. 下列哪一项是在新窗口中打开网页文档（　　　）。
   - A. _self
   - B. _blank
   - C. _top
   - D. _parent

7. 下面不属于 CSS 插入形式的是（　　　）。
   - A. 索引式
   - B. 内联式
   - C. 嵌入式
   - D. 外部式

8. 若要是设计网页的背景图片为 bg.jpg，以下标签中，正确的是（　　　）。
   - A. <body background="bg.jpg">
   - B. <body bground="bg.jpg">
   - C. <body image="bg.jpg">
   - D. <body bgcolor="bg.jpg">

9. 以下标签中，可用来产生滚动文字或图形的是（　　　）。
   - A. <scroll>
   - B. <marquee>
   - C. <textarea>
   - D. <iframe>

10. 以下创建 mail 链接的方法中正确的是（　　　）。
    - A. <a href="master@163.com">管理员</a>
    - B. <a href="callto:master@163.com">管理员</a>
    - C. <a href="mailto:master@163.com">管理员</a>
    - D. <a href="Email:master@163.com">管理员</a>

二、填空题

1. html 中用于显示页面标题的标签是_____。
2. 要在页面中添加一个提交按钮的 html 代码是_____。
3. CSS 中有 3 种标签定义符，分别是_____、_____、_____。
4. 在 CSS 中使用 a:link{ text-decoration: _____ }后，页面中的超链接将不会显

示下画线。

　　5．有如下 html 代码：

```
<form   action="do_submit.asp"   method="post">
    <input type="text" name="username"/><br/>
    <input type="submit" value="提交"/>
</form>
```

用户在输入框输入"Alex"后单击"提交"按钮，页面会生成_____参数。

实 训 题 目

1．结合 CSS，设计一个图文并茂的网页，该网页内容为介绍自己的家乡。

2．设计一个无纸问卷调查综合网页。

3．将例 2.10、例 2.11 和例 2.12 综合起来，设计一个包含用户注册和登录的网站。

第 3 章　Dreamweaver 的安装及应用

3.1　概述

Dreamweaver 是由 Macromedia 公司（该公司于 2005 年被 Adobe 公司收购）推出的，用于网页开发和网站管理的专业化设计工具。它历经多年发展，和 Flash，Fireworks 并称为网页制作三剑客。目前的最新版本为 Dreamweaver CS4，本书采用 Dreamweaver 8 进行介绍。

Dreamweaver 采用了所见即所得技术，具有设计和开发网站过程中需要的网站管理、网站设计、页面制作、多媒体制作和动画制作等丰富实用的功能；它具有友好的操作界面，在文档窗口中可以打开各种浮动面板，同时还可以使用系统内置的多种对象进行操作，利用它可以轻而易举地制作出跨越平台限制和跨越浏览器限制的充满动感的网页。

但是，Dreamweaver 仍然有一个最主要的缺点。在所见即所得网页编辑器中制作的网页，在浏览器中浏览时，很难完全达到在 Dreamweaver 中设计时的效果。

3.1.1　安装

Dreamweaver 8 的安装非常简单。首先运行已经获得的 Dreamweaver 8 安装程序，出现如图 3.1 所示的安装界面。

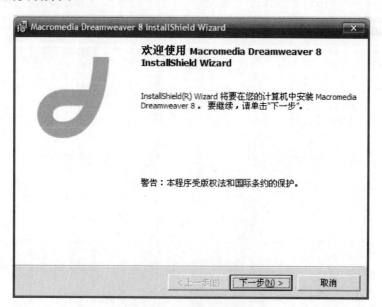

图 3.1　安装界面

接着选择默认设置进行安装，直到设置默认编辑器，如图 3.2 所示。本安装界面是要设置 Dreamweaver 8 为哪些类型文件的默认编辑器。默认是全部选中，可以根据需要进行更改。

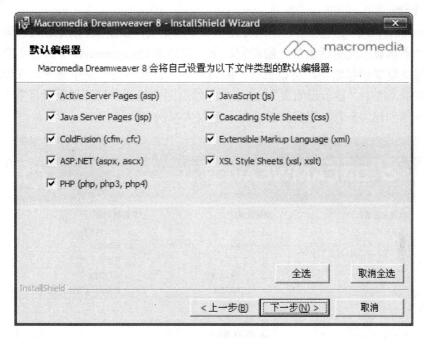

图 3.2　设置默认编辑器

然后按照提示向导，即可完成安装。

首次启动 Dreamweaver 8 时，会首先弹出"工作区设置"对话框，如图 3.3 所示。Dreamweaver 8 提供了两种工作区的布局方式：设计器方式，适合采用所见即所得编辑器的设计网页；编码器方式，适合直接编写 HTML 代码来设计网页。两种方式可以通过"窗口"→"工作区布局"菜单命令来切换。

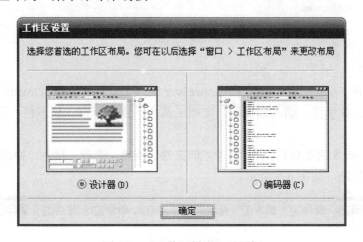

图 3.3　"工作区设置"对话框

3.1.2 操作界面

1. 起始页

Dreamweaver 8 启动完成后，首先将显示一个起始页，如图 3.4 所示，可以勾选这个窗口下面的"不再显示此对话框"来隐藏它，下一次启动 Dreamweaver 8 时将不会出现起始页。如果想恢复显示起始页，可以执行"编辑"→"首选参数"菜单命令，在弹出的"常规"选项卡中，选中"显示起始页"。在这个起始页面中包括"打开最近项目"、"创建新项目"、"从范例创建" 3 个方便实用的项目，建议大家保留。

图 3.4　起始页

2. 菜单栏

新建或打开一个文档后，进入 Dreamweaver 8 的标准工作界面。Dreamweaver 8 的标准工作界面包括：菜单栏、插入面板组、文档工具栏、文档窗口、状态栏、属性面板和浮动面板组。

Dreamweaver 8 的菜单栏共有 10 个，即文件、编辑、查看、插入、修改、文本、命令、站点、窗口和帮助，如图 3.5 所示。

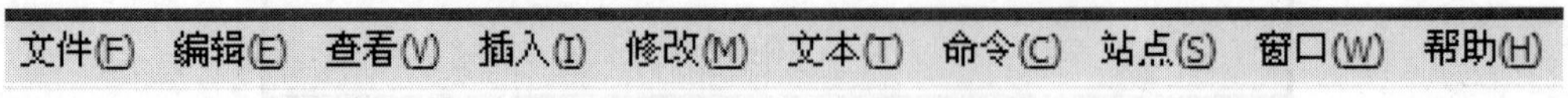

图 3.5　菜单栏

文件：用来管理文件。例如新建，打开，保存，另存为，导入，输出打印等。

编辑：用来编辑文本。例如剪切，复制，粘贴，查找，替换和参数设置等。

查看：用来切换视图模式以及显示、隐藏标尺、网格线等辅助视图功能。

插入：用来插入各种元素，例如图片、多媒体组件，表格、框架及超级链接等。

修改：具有对页面元素修改的功能，例如在表格中插入表格，拆分、合并单元格，对齐对象等。

文本：用来对文本进行操作，例如设置文本格式等。

命令：所有的附加命令项。

站点：用来创建和管理站点。

窗口：用来显示和隐藏控制面板以及切换文档窗口。

帮助：联机帮助功能。例如按下"F1"键，就会打开电子帮助文本 。

3．插入面板组

插入面板组集成了所有可以在网页应用的对象，包括"插入"菜单中的选项。插入面板组其实就是图像化了的插入指令，通过一个个按钮，可以很容易加入图像、声音、多媒体动画、表格、图层、框架、表单、Flash 和 ActiveX 等网页元素。如图 3.6 所示为插入面板组。

图 3.6　插入面板组

4．文档工具栏

文档工具栏包含各种按钮，它们提供各种"文档"窗口视图（如"设计"视图和"代码"视图）的选项、各种查看选项和一些常用操作（如在浏览器中预览）。

图 3.7　文档工具栏

5．文档窗口

当打开或创建一个项目，进入文档窗口时，可以在文档区域中进行输入文字、插入表格和编辑图片等操作。

"文档"窗口显示当前文档。可以选择下列任意视图："设计"视图是一个用于可视化页面布局、可视化编辑和快速应用程序开发的设计环境。在该视图中，Dreamweaver 显示文档的完全可编辑的可视化表示形式，类似于在浏览器中查看页面时看到的内容。"代码"视图是一个用于编写和编辑 HTML、JavaScript、服务器语言代码，以及任何其他类型代码的手工编码环境。"代码和设计"视图可以在单个窗口中同时看到同一文档的"代码"视图和"设计"视图。

6．状态栏

"文档"窗口底部的状态栏提供与正在创建文档的有关信息。标签选择器显示环绕当前选定内容的标签的层次结构。单击该层次结构中的任何标签以选择该标签及其全部内容。

7. 属性面板

属性面板并不是将所有的属性加载在面板上，而是根据选择的对象来动态显示对象的属性面板的状态，完全是随当前在文档中选择的对象来确定的。例如，当前选择了一幅图像，那么属性面板上就出现该图像的相关属性；如果选择了表格，那么属性面板会相应变化成表格的相关属性。属性面板如图 3.8 所示。

图 3.8　属性面板

8. 浮动面板

其他面板可以统称为浮动面板，这些面板都浮动于编辑窗口之外。在初次使用 Dreamweaver 8 时，这些面板根据功能被分成了若干组。在窗口菜单中，选择不同的命令可以打开基本面板组、设计面板组、代码面板组、应用程序面板组、资源面板组和其他面板组。浮动面板如图 3.9 所示。

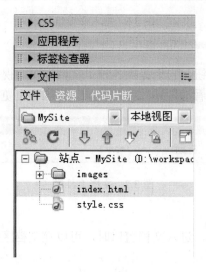

图 3.9　浮动面板

3.1.3　站点管理

在 Dreamweaver 8 中，可以有效地建立并管理多个站点。创建站点可以有两种方法，一是利用向导完成，二是利用高级设定来完成。

在创建站点前，先在计算机上建立一个空文件夹，以便放置要新建的站点文件。

例 3.1　利用"管理站点"工具创建站点。

（1）执行"站点"→"管理站点"菜单命令，在出现的"管理站点"对话框中，如图 3.10 所示，单击"新建"按钮，执行菜单中的"站点"命令。

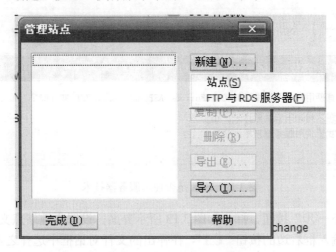

图 3.10 "管理站点"对话框

（2）在打开的窗口上方有"基本"和"高级"两个选项卡，可以在站点向导和高级设置之间切换。下面选择"基本"选项卡，如图 3.11 所示。

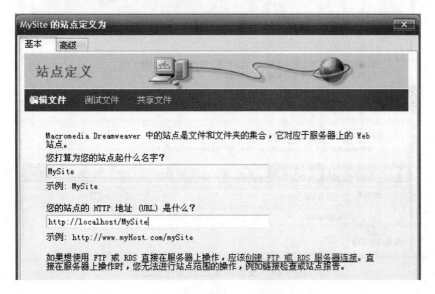

图 3.11 "基本"选项卡

在文本框中，输入一个站点名字以在 Dreamweaver 8 中标识该站点。这个名字可以是任何你需要的名字，最好不要出现中文字符，接着单击"下一步"按钮。

（3）出现向导的下一个界面，如图 3.12 所示，询问是否要使用服务器技术。现在建立的是一个静态页面，所以选中"否，我不想使用服务器技术。"单选按钮。

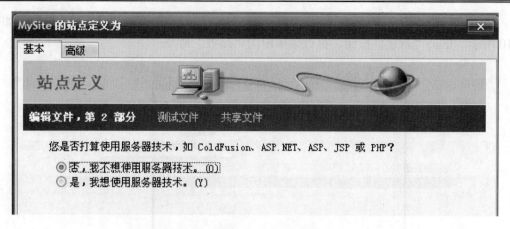

图 3.12　设置是否使用服务器技术

　　（4）单击"下一步"按钮，打开如图 3.13 所示界面，设置本地站点文件夹的地址。选择时，通过单击输入框右边的按钮"🗀"，在弹出的文件对话框中选择之前建立的文件夹。

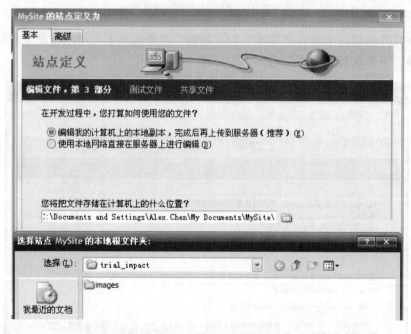

图 3.13　设置本地站点文件夹地址

　　（5）单击"下一步"按钮，进入站点定义界面，如图 3.14 所示，该步骤设置编辑的站点建设完成后如何与远程服务器，即运行本网站的服务器的连接方式，由于现在仅仅是在自己的计算机上设计网站，并不涉及发布网站，这里在其下拉列表框中选择"无"选项。

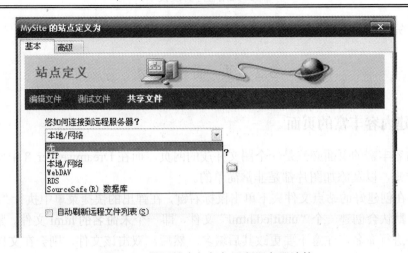

图 3.14　设置站点如何与远程服务器连接

（6）单击"下一步"按钮，打开如图 3.15 所示界面，结束"站点定义"对话框的设置。

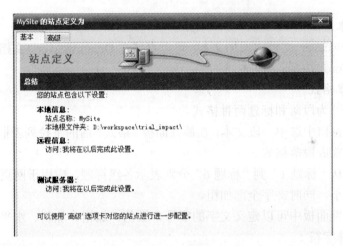

图 3.15　设置完成

（7）单击"完成"按钮，文件面板显示出刚才建立的站点，如图 3.16 所示。

图 3.16　已建站点

到此，完成了站点的创建。

3.2　页面布局

3.2.1　创建内容丰富的页面

一个内容丰富的页面必然是一个图文并茂的网页。而在 Dreamweaver 8 中要添加文字及其各种样式，以及添加图片都是非常简单的。

首先，在创建好的站点文件夹下单击鼠标右键，在弹出的快捷菜单中执行"新建文件"菜单命令，默认会创建一个"untitled.html"文件，即一个未命名的 html 文件。紧接着，应该将该文件进行命名，注意不要更改其后缀名。然后，双击该文件，则会在文档窗口打开该文件。打开文件后的第一件事就是更改网页的标题名，该操作相当于指定 html 文档的<title>标签。之后，可以对网页进行设计。下面主要介绍如何设定文字样式，添加图片和设置超链接。

1．插入文本

要向 Dreamweaver 文档中添加文本，可以直接在 Dreamweaver "文档窗口"中输入文本，也可以从 Word 文档导入文本。

2．编辑文本格式

网页的文本分为段落和标题两种格式。

在文档编辑窗口中选中一段文本，在属性面板"格式"后的下拉列表框中选择"段落"，把选中的文本设置成段落格式。

标题格式是从"标题 1"到"标题 6"分别表示各级标题，应用于网页的标题部分。对应的字体由大到小，同时文字全部加粗。

另外，在属性面板中可以定义文字的字号、颜色、加粗、加斜、水平对齐等内容。

3．插入特殊字符

在网页中插入特殊字符。需要在快捷工具栏中选择"文本"，切换到字符插入栏，单击文本插入栏的最后一个按钮，如图 3.17 所示，可以向网页中插入相应的特殊符号。

插入列表。列表分为两种，有序列表和无序列表，无序列表没有顺序，每一项都以同样的符号显示，有序列表的每一项有序号引导。在文档编辑窗口中选中需要设置的文本，在属性面板中单击 ≔ ，则选中的文本被设置成无序列表，单击 ≔ 则被设置成有序列表。

插入水平线。水平线起到分隔文本的排版作用，选择快捷工具栏的"HTML"项，单击 HTML 栏的第一个按钮 ▦ ，即可向网页中插入水平线。选中插入的这条水平线，可以在属性面板对它的属性进行设置。

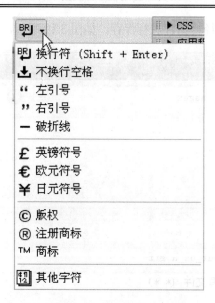

图 3.17　字符插入栏

插入时间。在文档编辑窗口中，将鼠标光标移动到要插入日期的位置，单击常用插入栏的"日期"按钮，在弹出的"插入日期"对话框中选择相应的格式即可。

4．插入图片

目前互联网上支持的图像格式主要有 GIF、JPEG 和 PNG。其中使用最为广泛的是 GIF 和 JPEG。在制作网页时，先构想好网页布局，在图像处理软件中将需要插入的图片进行处理，然后存放在站点根目录下的文件夹里。

插入图片时，先将光标放置在文档窗口需要插入图像的位置，然后使用鼠标单击常用插入栏的"图像"按钮。

在弹出的"选择图像源文件"对话框中，选择你要添加的图片文件，单击"确定"按钮就把该图片插入网页中。

注意： 如果在插入图片时，没有将图片保存在站点根目录下，会弹出如图 3.18 所示的对话框，提醒要把图片保存在站点内部，这时单击"是"按钮。

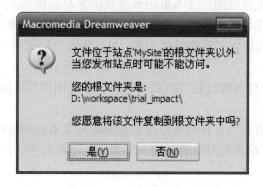

图 3.18　询问是否将该文件复制到根文件夹中

然后选择本地站点的路径将图片进行保存，如图 3.19 所示，图像也可以被插入网页中。

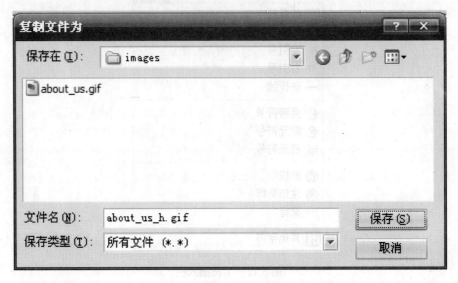

图 3.19　保存图片

5. 设置图像属性

选中图像后，在属性面板中显示出了图像的属性，如图 3.20 所示。

图 3.20　图像的属性

在属性面板的左上角，显示当前图像的缩略图，同时显示图像的大小。在缩略图右侧有一个文本框，在其中可以输入图像的名称。

"水平边距"和"垂直边距"文本框用来设置图像左右和上下与其他页面元素的距离。

"边框"文本框用来设置图像边框的宽度，默认的边框宽度为"0"。

"替换"文本框用来设置图像的替代文本，可以输入一段文字，当图像无法显示时，将显示这段文字。

单击属性面板中的对齐按钮 ，可以分别将图像设置成居左对齐、居中对齐和居右对齐。

在属性面板中，"对齐"下拉列表框可设置图像与文本的相互对齐方式，共有 10 个选项。通过它可以将文字对齐到图像的上端、下端、左边和右边等，从而可以灵活地实现文字与图片的混排效果。

6. 设置超链接

在文档窗口选中文字或图片后，单击属性面板"链接"后的按钮 ，弹出"选择文件"

对话框，选择要链接到的网页文件，即可链接到这个网页。

也可以拖动"链接"后的按钮⊕到站点面板上的相应网页文件，则链接将指向这个网页文件。

此外，还可以直接将地址输入到"链接"文本框里来链接一个页面。

3.2.2　表格

表格是网页设计时不可缺少的元素，它以简洁明了和高效快捷的方式将图片、文本、数据和表单的元素有序显示在页面上，让我们可以设计出漂亮的页面，使用表格排版的页面在不同平台、不同分辨率的浏览器里都能保持其原有的布局，而在不同的浏览器平台有较好的兼容性，显然表格是网页中最常用的排版方式之一。

1．插入表格

在文档窗口中，将光标放在需要创建表格的位置，单击"常用"快捷工具栏中的"表格"按钮，如图 3.21 所示，弹出"表格"对话框，指定表格的属性后，在文档窗口中插入设置的表格，如图 3.22 所示。

图 3.21　"常用"快捷工具栏中的"表格"按钮

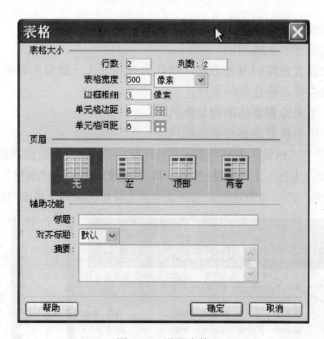

图 3.22　设置表格

"行数"：用来设置表格的行数。

"列数"：用来设置表格的列数。

"表格宽度"：用来设置表格的宽度，可以输入数值，紧随其后的下拉列表框用来设置宽度的单位，有两个选项：百分比和像素。当宽度的单位选择百分比时，表格的宽度会随浏览器窗口的大小而改变。

"单元格边距"：用来设置单元格的内部空白的大小。

"单元格间距"：用来设置单元格与单元格之间的距离。

"边框粗细"：用来设置表格边框的宽度。

"页眉"：用来定义页眉样式，可以在四种样式中选择一种。

"标题"：用来定义表格的标题。

"对齐标题"：用来定义表格标题的对齐方式。

"摘要"：用来可以对表格进行注释。

2．设置表格属性

选中一个表格后，可以通过属性面板更改表格属性，如图 3.23 所示。

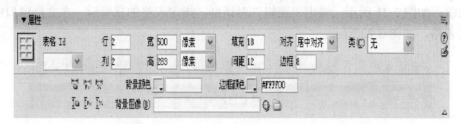

图 3.23　表格属性对话框

"填充"：用来设置单元格边距。

"间距"：用来设置单元格间距。

"对齐"：用来设置表格的对齐方式，默认的对齐方式一般为左对齐。

"边框"：用来设置表格边框的宽度。

"背景颜色"：用来设置表格的背景颜色。

"边框颜色"：用来设置表格边框的颜色。

在"背景图像"文本框输入表格背景图像的路径，可以给表格添加背景图像。也可以按如图 3.24 所示方式给文本框加上链接路径。还可以单击文本框后的"浏览"按钮，查找图像文件。在"选择图像源"对话框中定位并选择要设置为背景的图片，单击"确认"按钮即可。

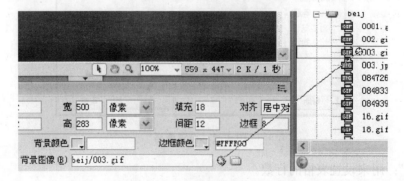

图 3.24　设置链接路径

3. 设置单元格属性

把光标移动到某个单元格内，可以利用单元格属性面板对该单元格的属性进行设置，如图 3.25 所示。

图 3.25　单元格属性对话框

"水平"：用来设置单元格内元素的水平排版方式，是居左、居中或是居右。

"垂直"：用来设置单元格内的垂直排版方式，是顶端对齐、底端对齐或是居中对齐。

"宽"、"高"：用来设置单元格的宽度和高度。

"不换行"：可以防止单元格中较长的文本自动换行。

"标题"：使选择的单元格成为标题单元格，单元格内的文字自动以标题格式显示出来。

"背景"：用来设置表格的背景图像。

"背景颜色"：用来设置表格的背景颜色。

"边框"：用来设置表格边框的颜色。

4. 拆分与合并单元格

拆分单元格时，将光标放在待拆分的单元格内，单击属性面板上的"拆分"按钮，在弹出的对话框中按需要设置即可。

合并单元格时，选中要合并的单元格，单击属性面板中的"合并"按钮即可。

3.2.3　表单

在 Dreamweaver 8 中可以创建各种各样的表单，表单中可以包含各种对象，例如文本域、按钮、列表等。

在网页中添加表单对象，首先必须创建表单。表单在浏览网页中属于不可见元素。在 Dreamweaver 8 中插入一个表单后，当页面处于"设计"视图中时，用红色的虚轮廓线指示表单。然后，将光标放在希望插入表单内的位置。执行"插入"→"表单"菜单命令，或选择"插入"栏上的"表单"类别，然后单击"表单"图标。

用鼠标选中表单，在属性面板上可以设置表单的各项属性，如图 3.26 所示。

图 3.26　表单属性对话框

"动作"：指定处理该表单的动态或脚本的路径。

"方法"：选择将表单数据传输到服务器的方法。表单"方法"有：POST 和 GET 方法。

"目标"：指定一个窗口，在该窗口中显示调用程序所返回的数据。

各表单对象的属性面板主要用于设置表单标签的各属性，第 2 章对各表单标签已经详细介绍，在此不再赘述。

3.2.4　模板

在制作网站的过程中，为了统一风格，很多页面会用到相同的布局、图片和文字元素。为了避免大量的重复劳动，可以使用 Dreamweaver 8 提供的模板功能，将具有相同版面结构的页面制作为模板，将相同的元素（如导航栏）制作为库项目，并存放在库中可以随时调用。

例 3.2　创建模板

（1）执行"窗口"→"资源"菜单命令，打开"资源"面板，切换到模板子面板，如图 3.27 所示。

（2）单击模板面板上的"编辑按钮"中的"新建模板"，或在"模板"窗口单击鼠标右键，在打开的菜单中执行"新建模板"命令，将会在浏览窗口出现一个未命名的模板文件，给模板命名，如图 3.28 所示。

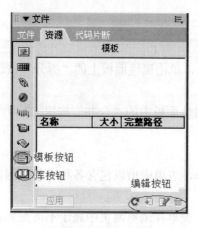

图 3.27　模板子面板

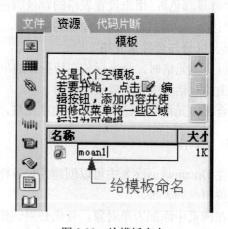

图 3.28　给模板命名

（3）然后单击"编辑按钮"中的"编辑"按钮，打开模板进行编辑。

（4）编辑完成后，保存模板，完成模板的建立。

除此之外，也可以通过打开一个已经制作完成的网页，删除网页中不需要的部分，保留几个网页共同需要的区域。然后执行"文件"→"另存为模板"菜单命令，将网页另存为模板。在弹出的"另存为模板"对话框中，如图 3.29 所示，"站点"下拉列表框用来设置模板保存的站点，默认为当前站点。"现存的模板"显示了当前站点的所有模板。"另存为"文本框用来设置模板的命名。单击"保存"按钮，就把当前网页转换为模板，同时将模板另存到选择的站点。

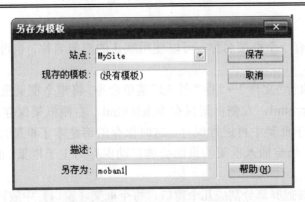

图 3.29　"另存为模板"对话框

无论使用哪种方法创建了模板，系统将自动在根目录下创建 template 文件夹，并将创建的模板文件保存在该文件夹中。

在保存模板时，如果模板中没有定义任何可编辑区域，系统将显示警告信息。可以先单击"确定"按钮，以后再定义可编辑区域。

例 3.3　使用模板

（1）执行"文件"→"新建"菜单命令，打开"新建文档"对话框。

（2）然后在类别中选择"模板页"，并选取相关的模板类型，直接单击"创建"按钮即可。

3.2.5　框架

框架是网页中经常使用的页面设计方式，框架的作用就是把网页在一个浏览器窗口下分割成几个不同的区域，实现在一个浏览器窗口中显示多个 HTML 页面。使用框架可以非常方便地完成导航工作，让网站的结构更加清晰，而且各个框架之间决不存在干扰问题。利用框架最大的特点就是使网站的风格一致。

例 3.4　创建和使用框架

（1）使用预制框架集。

新建一个 HTML 文件，在快捷工具栏中单击"布局"按钮，接着单击"框架"按钮，在弹出的下拉菜单中选择所需要的框架结构，如图 3.30 所示。

图 3.30　选择框架结构

（2）保存框架。

每一个框架都有一个框架名称，可以使用默认的框架名称，也可以在属性面板中修改名称。

保存时，可以执行"文件"→"保存全部"菜单命令，将整个框架集保存为 index.html，上方框架保存为 top.html，左侧框架保存为 left.html，右侧框架保存为 right.html。也可以将光标放在某个子框架中再进行保存，这时保存的将是本子框架。所有的子框架都应该进行保存。注意，当前插入框架的页面会被自动保存为主子框架，而不是整个框架集。

（3）编辑框架。

虽然框架式网页把屏幕分割成几个窗口，每个框架（窗口）中放置一个普通的网页，但是编辑框架式网页时，要把整个编辑窗口当做一个网页来编辑，插入的网页元素位于哪个框架，就保存在哪个框架的网页中。框架的大小可以随意修改。也可以通过框架属性来设置框架，但注意设置前应先选中要更改属性的子框架。选择框架时，应执行菜单栏中的"窗口"→"框架"菜单命令，打开框架面板，如图 3.31 所示。

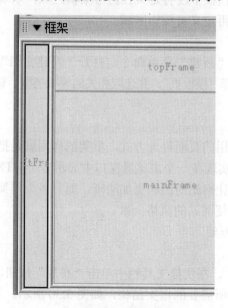

图 3.31　框架面板

单击某个子框架，即可选中该框架。当一个框架被选择时，它的边框带有点线轮廓。然后可以在属性面板中更改其属性。

（4）添加链接打开框架。

在插入了框架的页面添加链接时，要注意在框架属性窗口的"目标"输入框，如图 3.32 所示，选择要打开链接的子框架，否则默认会在本子框架中打开链接。

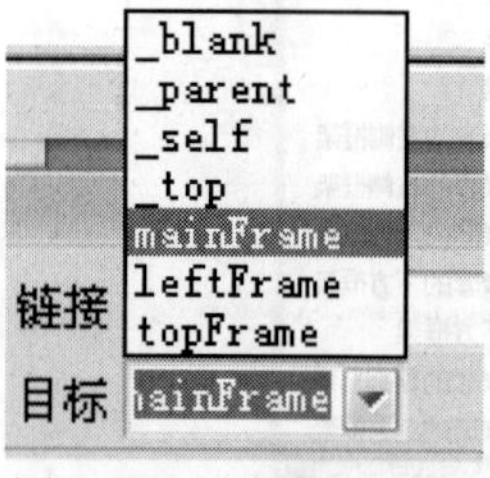

图 3.32　选择要打开链接的子框架

3.3　页　面　美　化

3.3.1　样式表

CSS 样式表的创建，可以统一定制网页文字的大小、字体、颜色、边框、链接状态等效果。在 Dreamweaver 8 中 CSS 样式的设置方式有了很大的改进，更为方便、实用、快捷。

例 3.5　使用 Dreamweaver 创建 CSS

（1）执行"窗口"→"CSS 样式"菜单命令，打开 CSS 样式面板，如图 3.33 所示。

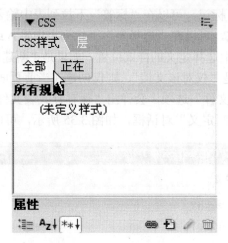

图 3.33　CSS 样式面板

（2）单击"CSS 样式"面板右下角的"新建 CSS 规则"按钮，打开"新建 CSS 规则"对话框，如图 3.34 所示。

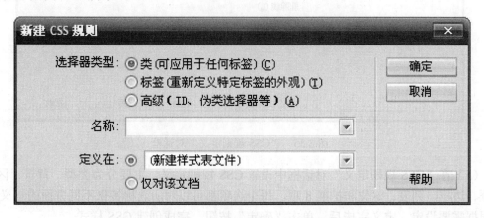

图 3.34　"新建 CSS 规则"对话框

在"选择器类型"选项中，可以选择创建 CSS 样式的方法包括以下 3 种，其实就是对应了第 2 章 CSS 选择符的 3 种定义方式。

　　类：可以在文档窗口的任何区域或文本中应用类样式，如果将类样式应用于一整段文字，那么会在相应的标签中出现 CLASS 属性，该属性值即为类样式的名称。

　　标签（重新定义特定标签的外观）：重新定义 HTML 标签的默认格式。可以针对某一个标签来定义层叠样式表，也就是说定义的层叠样式表将只应用于选择的标签。

　　高级（ID、伪类选择器等）：为特定的组合标签定义层叠样式表，使用 ID 作为属性，以保证文档具有唯一可用的值。

　　（3）为新建 CSS 样式输入或选择名称或选择器，其中：对于自定义样式，其名称必须以点（.）开始，如果没有输入该点（.），则 Dreamweaver 8 会自动添加。自定义样式名必须是符合合法的变量名规则的命名。

　　对于重新定义 HTML 标记，可以在"标签"下拉列表中输入或选择重新定义的标记。

　　对于 CSS 选择器样式，可以在"选择器"下拉列表中输入或选择需要的选择器。

　　（4）在"定义在"项中选择定义的样式位置，如果是"新建样式表文件"，则会生成一个新的 CSS 文件；如果是"仅对该文档"，则仅创建在当前页面中。单击"确定"按钮，如果选择了"新建样式表文件"选项，会弹出"保存样式表文件为"对话框，给样式表命名。然后会弹出"CSS 规则定义"对话框，如图 3.35 所示，可以在其中设置 CSS 样式。

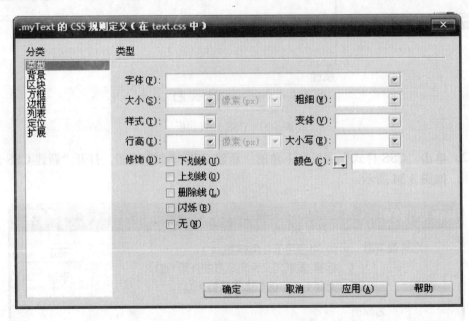

图 3.35　"CSS 规则定义"对话框

　　（5）在"CSS 规则定义"对话框中设置 CSS 规则定义。主要分为类型、背景、区块、方框、边框、列表、定位和扩展 8 项。每个选项都可以对所选标签做不同方面的定义，可以根据需要设定。定义完毕后，单击"确定"按钮，完成创建 CSS 样式。

3.3.2　层

　　层是 CSS 中的定位技术，在 Dreamweaver 8 中对其进行了可视化操作。文本、图像、表格等元素只能固定其位置，不能互相叠加在一起，而层可以放置在网页文档内的任何一个位置，层内可以放置网页文档中的其他构成元素，层可以自由移动，层与层之间还可以重叠，层体现了网页技术从二维空间向三维空间的一种延伸。

例 3.6　创建普通层

（1）插入层。执行"插入"→"布局对象"→"层"菜单命令，即可将层插入页面中。

使用这种方法插入层，层的位置由光标所在的位置决定，光标放置在什么位置，层就在什么位置出现。选中层会出现 6 个小手柄，拖动小手柄可以改变层的大小。

（2）拖放层。打开快捷栏的"布局"选项，单击"绘制层"按钮，单击鼠标左键并按住不放，拖动图标到文档窗口中，然后释放鼠标，这时层就会出现在页面中。

（3）绘制层。打开快捷栏的"布局"选项，单击"绘制层"按钮，在文档窗口内鼠标光标变成"十"字光标，然后按住鼠标左键，拖动出一个矩形，矩形的大小就是层的大小，释放鼠标，层就会出现在页面中。

例 3.7　创建嵌套层

创建嵌套层就是在一个层内插入另外的层。

（1）将光标放入某层内，执行"插入"→"布局对象"→"层"菜单命令，即可在该层内插入一个层。

（2）打开层面板，从中选择需要嵌套的层，在按住"Ctrl"键的同时拖动该层到另一个层上，直到出现图标后，释放"Ctrl"键和鼠标，这样普通层就转换为嵌套层了。

（3）设置层的属性。选中要设置属性的层，就可以在属性面板中设置层的属性了，如图 3.36 所示。

图 3.36　层属性对话框

层编号：给层命名，以便在"层"面板和 JavaScript 代码中标识该层。

左、上：指定层的左上角相对于页面（如果嵌套，则为父层）左上角的位置。

宽、高：指定层的宽度和高度。如果层的内容超过指定大小，层的底边缘（按照在 Dreamweaver 设计视图中的显示）会延伸以容纳这些内容。（如果"溢出"属性没有设置为"可见"，那么当层在浏览器中出现时，底边缘将不会延伸。）

Z 轴：设置层的层次属性。在浏览器中，编号较大的层出现在编号较小的层的前面。值可以为正，也可以为负。当更改层的堆叠顺序时，使用"层"面板要比输入特定的 Z 轴值更为简便。

可见性：在"可见性"下拉列表中，设置层的可见性。使用脚本语言如 JavaScrip 可以控制层的动态显示和隐藏。有以下 4 个选项：

default——不指明层的可见性。

inherit——可以继承父层的可见性。

visible——可以显示层及其包含的内容，无论其父级层是否可见。

hidden——可以隐藏层及其包含的内容，无论其父级层是否可见。

背景图像——用来设置层的背景图像。

背景颜色：用来设置层的背景颜色。

溢出——当层内容超过层的大小时的处理方式。有以下 4 个选项。

visible（显示）：当层内容超出层的范围时，可自动增加层尺寸。

hidden（隐藏）：当层内容超出层的范围时，保持层尺寸不变，隐藏超出部分的内容。

scroll（滚动条）：则层内容无论是否超出层的范围，都会自动增加滚动条。

auto（自动）：当层内容超出层的范围时，自动增加滚动条（默认）。

剪辑：设置层的可视区域。通过上、下、左、右文本框设置可视区域与层边界的像素值。层经过"剪辑"后，只有指定的矩形区域才是可见的。

类：在类的下拉列表中，可以选择已经设置好的 CSS 样式或新建 CSS 样式。

3.3.3　动态效果

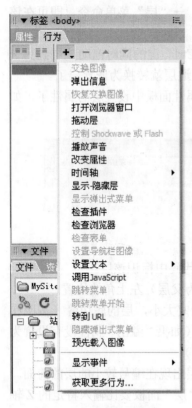

图 3.37　"行为"选项卡

可以通过在页面中加入一些脚本，为网页设定一些特殊的动态效果。而 Dreamweaver 8 降低了编写脚本的难度，它将一些常用的脚本效果封装成标签的行为事件，可以使不懂得脚本的人也能设计带有常用效果的脚本效果。

要设置标签的行为，首先需要选中相应的标签。由于不同的标签具有不同的行为，因此当选择不同标签时，行为列表中能创建的行为也不相同。选中某个标签后，在浮动窗口选择"标签"窗口中的"行为"选项卡，单击"+"按钮，就可以看到该标签可以添加的行为。图 3.37 是选中 <body> 标签时的行为。

可以选择需要的行为创建相应的行为。此外，还可以选择"获得更多的行为…"，从 Adobe 公司的网站下载并安装更丰富的标签行为。

3.3.4　插入 Flash 动画

将光标放置在希望插入动画的位置，执行菜单栏中的"插入"→"媒体"→"Flash"命令。在弹出的"选择文件"对话框中，选择要插入的 swf 文件。单击"确定"按钮后，插入的 Flash 动画并不会在文档窗口中显示内容，而是以一个带有字母 F 的灰色框来表示，如图 3.38 所示。

在文档窗口中单击这个图形，就可以在属性面板中设置它的属性了，如图 3.39 所示。

图 3.38　插入的 Flash 动画

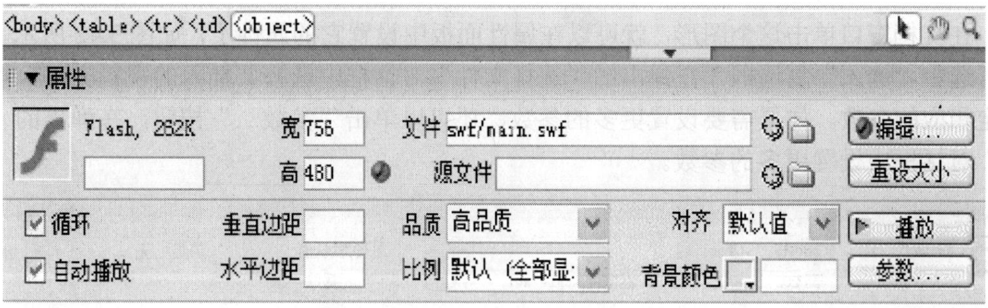

图 3.39　动画属性面板

选中"循环"复选框时，影片将连续播放，否则影片在播放一次后自动停止。

通过选中"自动播放"复选框后，可以设定 Flash 文件是否在页面加载时就播放。

在"品质"下拉列表框中可以选择 Flash 影片的画质，若以最佳状态显示，则选择"高品质"选项。

"对齐"下拉列表框用来设置 Flash 动画的对齐方式。

3.3.5　插入视频

将光标放置在希望插入视频的位置，执行"插入"→"媒体"→"ActiveX"菜单命令。在弹出的"对象标签辅助功能属性"对话框中，为要插入的视频文件设置一个标题和访问键，如图 3.40 所示。

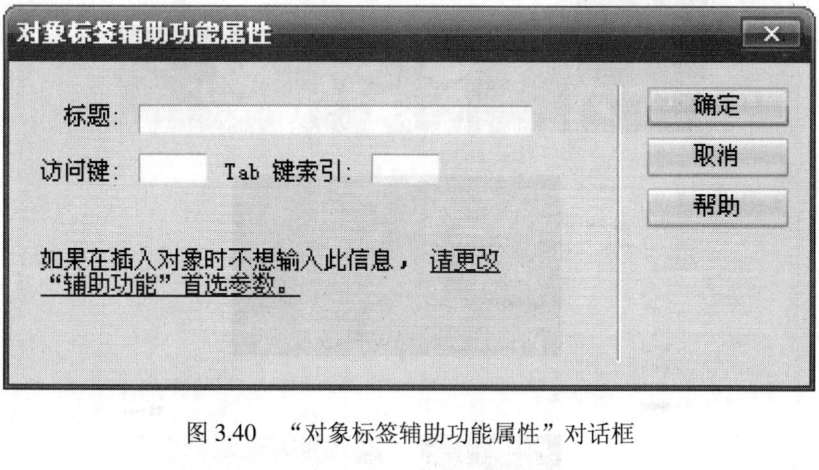

图 3.40　"对象标签辅助功能属性"对话框

单击"确定"按钮后，插入的视频文件并不会在文档窗口中显示内容，而是显示为如图 3.41 所示的图形。

图 3.41　插入的视频文件

在文档窗口单击这个图形，就可以在属性面板中设置它的属性了，如图 3.42 所示。此时，选中"嵌入"复选框，在弹出的"选择文件"对话框中选择要插入的视频文件。然后设定相应的参数。如果需要设置更多的参数，还可以单击"参数…"按钮，在弹出的"参数"对话框中设置更多的参数。

图 3.42　视频属性面板

3.4　综合实例

项目：使用 Dreamweaver 设计一个图文并茂的旅游咨询网站。

子项目一：创建一个名为"sichuanlvyou"的本地站点。

子项目二：设计一个图文并茂的首页，具体效果如图 3.43 所示。

图 3.43　首页效果

构思并设计出整个网站的总体设计布局，通过表格或<div>+CSS 进行布局设计，慎用"层"，基本框架如图 3.44 所示。

图 3.44　首页基本框架

尽量使用 CSS 代码，这样使页面能够精确控制。本实例的部分 CSS 代码如下。

style.css 部分代码：

```css
/* CSS Document */
body{
        background:url(image/bg.gif) repeat-x 0 0 #FFF9F2; color:#333227;
        padding:0; margin:0;
}
div, p, ul, h1, h2, h3, img, form{
        padding:0; margin:0;
        }
ul{
        list-style-type:none;
        }
.bank{
        line-height:0; font-size:0; clear:both;
        }
/*----------------------main body-----------------------*/
#main_body{
        width:778px;    margin:0 auto 0 auto;
        }
#left_pan{
        width:188px; background:url(image/logo_bg.gif) no-repeat #FFF9F2; color:#fff; float:left;
}
/*---------------------------right side------------------*/
#rightPan{
        width:590px; float:left; margin:0; background:url(image/header_pic.jpg) no-repeat 0 29px;
        }
/*--------------------------footer------------------*/
```

```
#footer_bg{
        background:url(image/footer_bg.gif) repeat-x; width:100%; margin:0    auto 0 auto; float:left;
height:153px;
        }
#footer{
        width:525px; margin:0 auto 0 auto;
        }
```

最后插入已经准备好的图片，文字和视频文件。

子项目三：制作子页的统一模板。

为保持网站的统一风格，可以通过参照首页的风格，为子页设计一个统一的模板，以便在制作子页时使用。网页的模板大致如图 3.45 所示。

图 3.45　网页模板

子项目四：制作各子页。

（1）用户留言页面，主要内容可以参照图 3.46。

图 3.46　用户留言页面

（2）制作各旅游景点介绍页面。

（3）制作旅游服务页面。

子项目五：完成页面之间的链接。

经过以上 5 个项目的练习，可以很完整地掌握网页设计的知识和 Dreamweaver 的使用，同时也得到了一个网站设计项目。

本 章 小 结

"工欲善其事，必先利其器"，Dreamweaver 作为最常用的静态网页设计工具，是从事 Web 开发必须要掌握的一个工具。本章先介绍 Dreamweaver 的安装和基本界面，通过以常用网页开发实例，较详细介绍了 Dreamweaver 的使用和其中的命令、参数的意义，并结合一些简单但颇具特点的实例，给出了常规的操作步骤。其中，重点介绍了框架，模板和 CSS 的操作步骤和注意事项，这也是学习和使用 Dreamweaver 的重点和难点。最后本章通过一个完整的网站开发实例，将整个 HTML 语言，CSS 的设计，以及 Dreamweaver 的使用进行了综合。通过本章的学习，进一步了解了网页制作的方法并掌握了网页制作的重要工具之一——Dreamweaver 的使用，为后面章节的学习打下了基础。

习　题　3

一、选择题

1. 在 Dreamweaver 中，下面的操作不能通过鼠标选择整个表格是（　　）。
   A. 当光标在表格中时，在 Dreamweaver 界面窗口左下角的标签选择器中单击<table>标签
   B. 将鼠标移动到表格的底部或者右部的边框，当鼠标指针变成┼┼时，单击鼠标
   C. 将鼠标移到任何的表格框上，当鼠标指针变成┿时，单击鼠标
   D. 把鼠标指针移到单元格里，再双击鼠标

2. 在 Dreamweaver 中，插入栏面板的显示方式有（　　）种。
   A. 1　　　B. 2　　　C. 3　　　D. 4

3. 在 Dreamweaver 中，设置分框架属性时，设置 scroll 的参数为 auto，其表示（　　）。
   A. 在内容可以完全显示时不出现滚动条，在内容不能被完全显示时自动出现滚动条
   B. 无论内容如何都不出现滚动条
   C. 不管内容如何都出现滚动条
   D. 由浏览器来自行处理

4. 在 Dreamweaver 中，下面关于定义站点的说法错误的是（　　）。
   A. 首先定义新站点，打开站点定义设置窗口
   B. 在站点定义设置窗口的站点名称（Site Name）中填写网站的名称
   C. 在站点设置窗口中，可以设置本地网站的保存路径，而不可以设置图片的保存路径
   D. 本地站点的定义比较简单，基本上选择好目录就可以了

5. 在 Dreamweaver 中，欲输入空格，应如何在代码窗口中修改（　　）。
   A. 在编辑窗口直接输入一个半角空格
   B. 在代码中输入 " "

　　　C．在编辑窗口输入一个全角空格

　　　D．在编辑窗口输入两次空格

　6．在 Dreamweaver 中，保持层处于被选择状态，用键盘进行微调，按下"Ctrl"键和 4 个方向键，其表示（　　）。

　　　A．可以对层做"10"个像素的移动

　　　B．可以对层进行"1"个像素的大小改变

　　　C．可以对层做"10"个像素为单位的大小改变

　　　D．对层做"1"个像素的移动

　7．在 Dreamweaver 中，对文本和图像设置超链接的说法中，错误的是（　　）。

　　　A．选中要设置成超级链接的文字或图像，然后在属性面板的 link 栏中添入相应的 url 地址即可

　　　B．属性面板的 link 栏中添入相应的 url 地址格式可以是 www.macromedia.com

　　　C．设置好后，在编辑窗口中的空白处单击，可以发现选中的文本变为蓝色，并出现下画线

　　　D．设置超链接方法不止一种

　8．在 Dreamweaver 中，调整图像属性按下（　　）键，拖动图像右下方的控制点，可以按比例调整图像大小。

　　　A．Shift　　　　　　B．Ctrl　　　　　　C．Alt　　　　　D．Shift+Alt

　9．在 Dreamweaver 中，下面哪个标签为嵌入 QuickTime 格式视频文件的标签（　　）。

　　　A．<embed>　B．<body>　　　　C．<table>　D．<object>

　10．下面关于插入栏面板的说法中，错误的是（　　）。

　　　A．在默认情况下，该插入栏为显示面板

　　　B．单击面板中的任一图标，可以在网页中插入对象，或者打开插入对象属性设置的面板

　　　C．插入栏的风格和以前版本相比有很大的不同

　　　D．不可以扩展第三方对象

二、填空题

1．通常所说的"网页制作三剑客"是指 Flash，Fireworks 和 ＿＿＿＿＿＿ 。

2．在 Dreamweaver 中打开帧面板的快捷操作是 ＿＿＿＿＿＿ 。

3．Dreamweaver 删除当前行的快捷操作是 ＿＿＿＿＿＿ 。

4．Dreamweaver 打开行为面板的快捷操作是 ＿＿＿＿＿＿ 。

5．Dreamweaver 将选定文本与页面、表格或层的右边对齐的快捷操作是＿＿＿＿＿ 。

实 训 题 目

1．使用 Dreamweaver 设计一个包含视频播放的网页。

2．使用 Dreamweaver 设计一个网站模板，包含页眉，页脚，导航栏和主体编辑区。

3．参照实训项目，自己独立设计一个网站。

第 4 章　Web 应用程序的开发环境

Web 应用程序是在客户端浏览器和服务器端的 Web 服务器两端执行，所以，程序的开发环境设置包括客户端的浏览器设置，服务器端 IIS 的设置、开发 ASP 应用程序的 Dreamweaver 设置，以及开发 ASP.NET 应用程序的 Visual Studio 的设置。

4.1　浏览器设置

对客户端的浏览器进行必要的设置可以简化很多测试过程和避免一些问题。

4.1.1　Internet 选项设置

Web 应用程序的客户端脚本程序要在浏览器中执行，而且服务器端应用程序执行的结果也要在浏览器中反映，所以在客户端需要打开脚本错误的设置，同时也需要显示服务器端执行的错误信息。首先打开 IE 浏览器，选择工具菜单里面的 Internet 选项，单击"高级"选项卡。

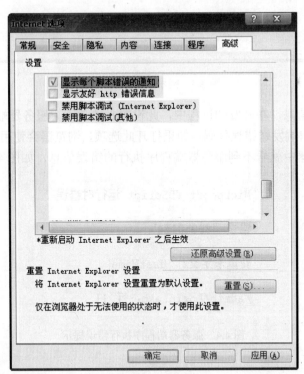

图 4.1　浏览器设置

图 4.1 显示了需要对浏览器中的 Internet 选项进行的设置，选中"显示每个脚本错误的

通知"复选框，表明在每一个客户端脚本的执行错误都要显示在浏览器的左下角，如图 4.2 所示。禁用脚本调试设置必须关闭，如果客户端的脚本发生错误，系统会提示使用相应的程序跟踪调试程序，如图 4.3 所示。

图 4.2　浏览器中脚本执行错误的提示标志

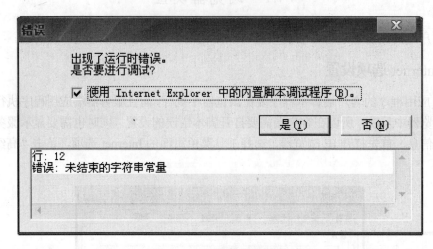

图 4.3　提示脚本错误调试

　　显示友好错误信息，在开发的过程中，此设置必须关闭。服务器端的程序如果发生错误，服务器会向客户端发送错误代码，如果打开此选项，浏览器会使用友好的 HTML 文档显示，客户端浏览器中就看不到服务器端程序执行的错误信息，如图 4.4 所示。

图 4.4　服务器端程序执行错误提示

4.1.2　安全设置

　　打开工具菜单中的"Internet 选项"设置窗口，在窗口中选择"安全"标签，在"区域的安全级别"中设置响应的安全级别，或选择"自定义级别"。

　　此外，在 Web 开发中，还经常会使用 Cookie，可见确保你的浏览器支持 Cookie 也很

重要。在"Internet 选项"设置窗口中选择"隐私"，设置相应的 Cookie 级别，一般选择
"中"即可。

4.2　ASP 开发环境

开发 ASP 应用程序之前必须安装 Web 服务器，在 Windows 操作系统中通常安装 IIS
作为 Web 服务器，程序开发环境通常采用 Dreamweaver 或者文本编辑器。

4.2.1　IIS 的安装

打开"控制面板"，然后单击启动"添加/删除程序"，在弹出的对话框中选择"添加/
删除 Windows 组件"，在 Windows 组件向导对话框中选中"Internet 信息服务（IIS）"，
然后单击"下一步"按钮，按向导指示，完成对 IIS 的安装。注意，安装过程中需要插入
系统安装光盘。

安装完成后，可以采用以下方式启动 IIS 管理器：

（1）从"运行"对话框中启动 IIS 管理器，执行"开始"→"运行"菜单命令，然后
在打开的对话框中输入"inetmgr"，单击"确定"按钮即可打开 IIS 管理器。

（2）通过控制面板的管理工具中的快捷方式启动 IIS 管理器，首先打开"控制面板"，
在控制面板中打开"管理工具"，在管理工具中找到 IIS 管理器的快捷方式，双击即可打
开 IIS 管理器。IIS 主界面如图 4.5 所示。

图 4.5　IIS 主界面

4.2.2　IIS 的配置

IIS 安装后，通常会有一个默认网站，用鼠标右键单击"默认 Web 站点"，在弹出的快捷菜单中执行"属性"菜单命令，此时就可以打开站点属性设置对话框，在该对话框中，可完成对站点标识的全部配置。"默认网站 属性"对话框如图 4.6 所示。

图 4.6　"默认网站 属性"对话框

1. 网站标识设置

在"默认网站 属性"对话框中，单击"网站"标签即可打开设置窗口。网站标识是设置网站的唯一访问表示，由 3 个内容组成：描述、IP 地址和 TCP 端号，这 3 个内容决定了访问网站的 URL 地址。IP 地址表示访问网站时提供的 IP 地址。端口号默认为 80，还可以设置成其他端口，例如 8080 端口。单击图 4.6 中的"高级"按钮，可以设置主机头，主机头就是设置访问网站的域名。

例如，IIS 中的网站标识设置如下：IP 地址设置为"192.168.1.61"，端口号设置为"80"，那么访问此网站的 URL 地址就是 http://192.168.1.61。如果端口号设置为"8080"，那么访问此网站的 URL 地址应该修改成：http://192.168.1.61:8080。

2. 主目录设置

单击"主目录"标签，切换到主目录设置页面，如图 4.7 所示。该页面可实现对主目录的更改或设置。主目录设置就是设置网站所发布的内容在哪里。IIS 可以支持主目录的 3 种设置方式为：此计算机上的目录、另一台计算机上的共享和重定向到 URL。前面两种方式设置的其实就是一个目录，网站其实就是对应一个目录，这两种设置只是说明了这个目录是在本地还是网络上共享。

重定向到 URL 方式用于转向到其他网站，例如在网站的开发和维护过程中，为了不影响用户的访问，可以在 IIS 中设置此种方式，这样用户在访问此网站时，就直接转向到主目录里输入的 URL 地址，这时 IIS 就只是充当了一个中转站的作用。当网站开发和维护结束后，重新设置 IIS 的主目录到网页所在目录即可。

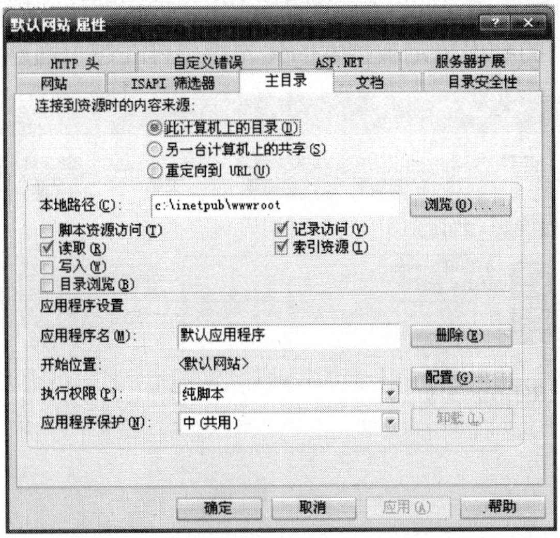

图 4.7　网站主目录的设置

单击"主目录"设置窗口中的"配置"按钮，可以打开应用程序设置窗口，在窗口中单击"选项"选项卡，选中"启用父路径"复选框，同时在该窗口中还可以设置会话超时时间和默认 ASP 语言。

ASP 的默认开发语言是 VBScript，会话的默认超时时间是 20 分钟，如图 4.8 所示。有关更详细的内容将在第 6 章中详细介绍。

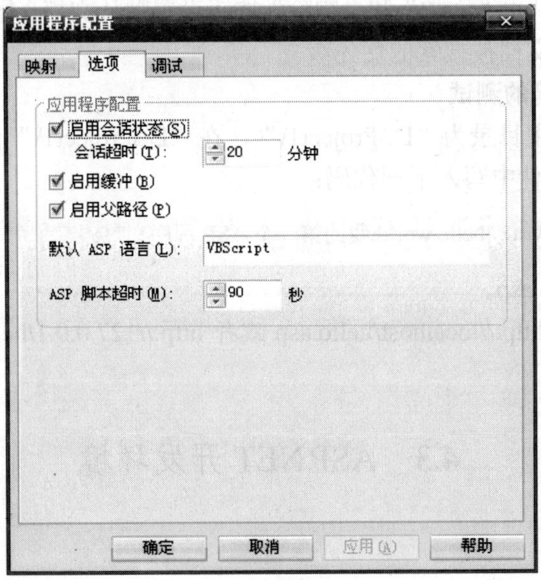

图 4.8　应用程序的配置

3. 默认文档设置

单击"文档"标签，可切换到对默认文档的设置窗口，如图 4.9 所示。在浏览器中输入网站域名，而未指明所要访问的网页文件时，IIS 会指定默认文档为当前要访问的页面文件。默认文档按照排列的顺序决定被搜索的优先级，排在越上面越先搜索。

图 4.9　默认文档的设置窗口

根据需要，可以利用"添加"和"删除"按钮设置默认文档，同时也可以通过"向上"和"向下"按钮决定文档被搜索的优先级。

4. ASP 开发环境的测试

设置默认网站的主目录为"D:\Project1\"，在"D:\Project1\"目录下新建一个记事本文件（.txt），并在文件中写入下列代码：

```
<% Response.Write "hello world,我的第一个 ASP 程序！" %>
```

最后更名为 Hello.asp。

在浏览器中输入 http://localhost/hello.asp 或者 http://127.0.0.1/hello.asp ，即可看到执行的效果。

4.3　ASP.NET 开发环境

4.3.1　IIS 的配置

IIS 既可以作为 ASP 环境的 Web 服务器，也可以作为 ASP.NET 的 Web 服务器。在 IIS

所在的服务器上面安装 Microsoft .NET Framework 即可作为 ASP.NET 的 Web 服务器，用于开发的计算机，安装了 Visual Studio 2005 就可以作为 ASP.NET 的 Web 服务器。

4.3.2 安装 Visual Studio 2005

Visual Studio 2005 是一套完整的开发工具集，用于开发 ASP.NET 应用程序、桌面应用程序和移动应用程序等。Visual Studio 2005 的安装非常简单，从安装光盘启动安装程序，打开其安装界面，如图 4.10 所示。

图 4.10   Visual Studio 2005 安装选择界面

单击"安装 Visual Studio 2005"开始安装，在接受了"许可协议"后，可以选择安装的功能和安装位置，一般选中"默认值"单选按钮即可，如图 4.11 所示。

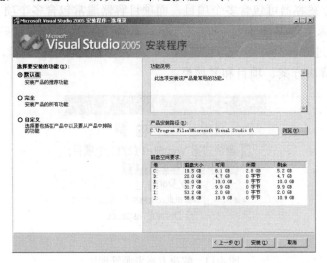

图 4.11   选择要安装的功能

等待一段时间后，即可完成安装。

4.3.3　Visual Studio 2005 的使用

1．集成开发环境

Visual Studio 2005 由若干元素组成：菜单工具栏、标准工具栏、停靠或自动隐藏在左侧、右侧、底部以及编辑器空间的各种工具窗口。在任何给定时间，可用的工具窗口、菜单和工具栏取决于所处理的项目或文件类型，其主界面如图 4.12 所示。

图 4.12　Visual Studio 2005 主界面

2．项目系统

解决方案和项目包含一些项，这些项表示创建应用程序所需的引用、数据连接、文件夹和文件。解决方案容器可包含多个项目，而项目容器通常包含多个项。

解决方案资源管理器用于显示解决方案、解决方案的项目及这些项目中的项，如图 4.13 所示。通过"解决方案资源管理器"，可以打开文件进行编辑，向项目中添加新文件，以及查看解决方案、项目和其属性。

图 4.13　解决方案资源管理器

3．编辑器和设计器

使用哪种编辑器和设计器取决于所创作的文件或文档的类型。文本编辑器是 IDE 中的基本字处理器，而代码编辑器是基本源代码编辑器。

其他编辑器（如 CSS 编辑器、HTML 设计器和网页设计器等），如共享代码编辑器中提供的许多功能，以及特定于所支持的代码或标记类型的增强功能。

编辑器和设计器通常有两个视图：图形设计视图和代码视图或源视图。图形设计视图允许在用户界面或网页上指定控件和其他项的位置。可以从工具箱中轻松拖动控件，并将其置于设计图形上，设计视图如图 4.14 所示。

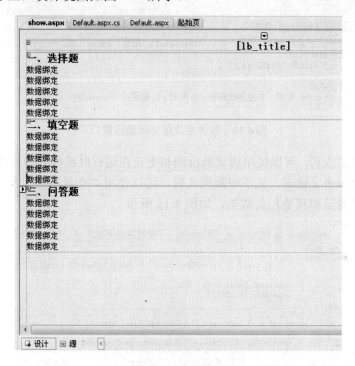

图 4.14　设计视图

源视图用于显示文件或文档的源代码。此视图支持编码帮助功能，还有一些其他功能，如自动换行、书签和显示行号等，代码视图如图 4.15 所示。

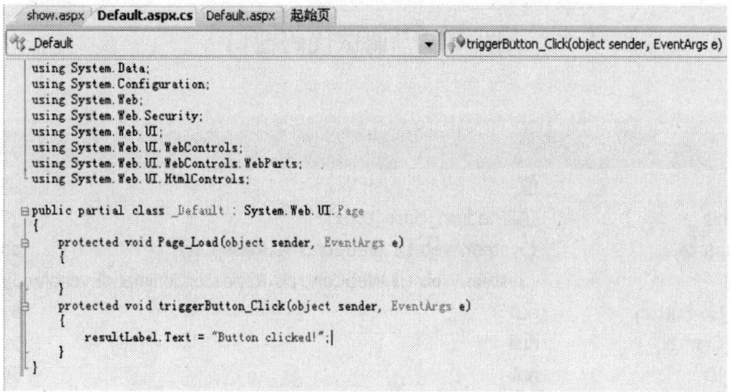

图 4.15　代码视图

4．生成和调试工具

Visual Studio 提供了一套可靠的生成和调试工具。使用生成配置，可选择将生成的组件，排除不想生成的组件，确定如何生成选定的项目，以及在什么平台上生成这些项目。解决方案和项目都可具有生成配置。

生成过程即是调试过程的开始。生成应用程序的过程可帮助你检测编译时的错误。这些错误可以包含不正确的语法、拼错的关键字和输入不匹配。"输出"窗口将显示这些错误类型，如图 4.16 所示。

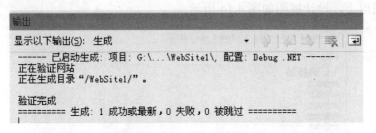

图 4.16　包含生成信息的输出窗口

在应用程序生成后，可以使用调试器检测和更正在运行时检测到的问题，如图 4.17 所示。如逻辑错误和语义错误，处于中断模式时，可以使用"变量"窗口和"内存"窗口等工具来检查局部变量和其他相关数据，如图 4.18 所示。

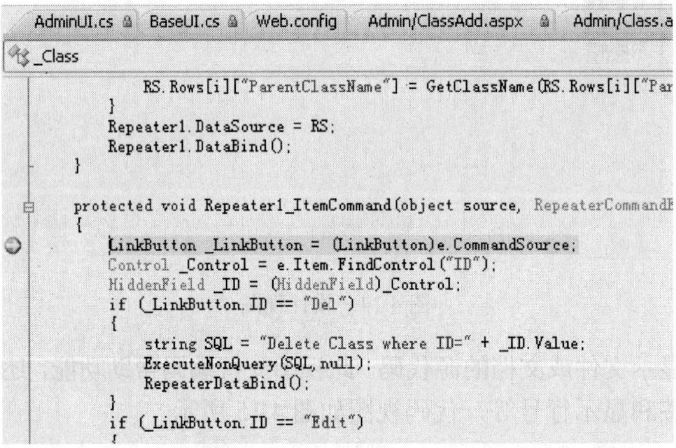

图 4.17　调试代码窗口

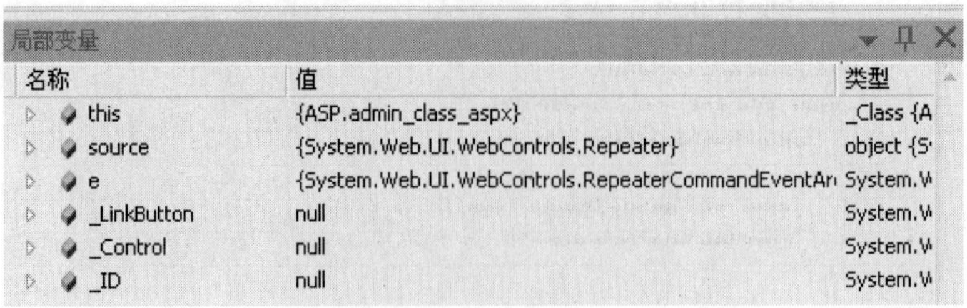

图 4.18　调试工具窗口

"错误列表"窗口用于显示错误、警告以及其他与调试有关的消息。

5．产品文档

在 IDE 中按 "F1" 键便可访问 "帮助"，也可以通过目录、索引和全文搜索来访问 "帮助"。可以使用本地安装的 "帮助"，也可以使用 MSDN Online 和其他联机资源来获得 "帮助"。

4.3.4　ASP.NET 开发环境的应用

Visual Studio 提供了 ASP.NET 开发环境一整套解决方案，无须手动配置。一旦配置好了 IIS 服务器和数据库，就可以从 Visual Studio 的解决方案窗口中直接对其进行访问和操作。现在通过一个简单的例子来说明 Visual Studio 开发 ASP.NET 的过程。

1．创建一个新站点

执行 "文件" → "新建" → "网站" 菜单命令。Visual Studio 将显示一个如图 4.19 所示的创建 ASP.NET 网站的对话框。

图 4.19　创建 ASP.NET 网站

单击 "浏览" 按钮，为网站项目选择存放路径，此时选择本地 IIS 目录的默认目录 "C:\Inetpub\"，这样可以方便部署和测试，如图 4.20 所示。

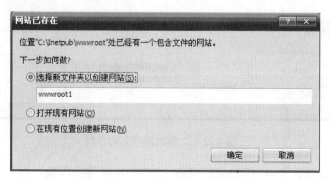

图 4.20　网站已存在提示框

因为 IIS 目录下已经存在一个默认网站，所以会弹出"网站已存在"对话框，现在为站点起一个名称，如"Helloworld"。这样， Visual Studio 会在 IIS 默认的子目录\Inetpub下面创建一个以项目名命名的子目录。网站创建好后的状态如图 4.21 所示。

图 4.21　创建好网站后的解决方案管理器的状态

2．添加一个 Helloworld 页面

为新站点添加 Helloworld 页面，选择解决方案，单击鼠标右键，执行"添加新项"菜单命令，打开"添加新项"对话框，如图 4.22 所示。

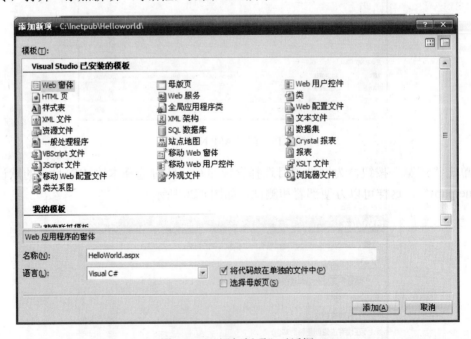

图 4.22　"添加新项"对话框

该对话框列表包含了可以添加到 Web 站点的各种类型模板。列表顶部的一项命名为Web Form。选择该项，然后在命名文本框中输入"HelloWorld.aspx"。其他项的设置相同。Visual Studio 2005 将为 HelloWorld.aspx 页面生成模板代码，如图 4.23 所示。

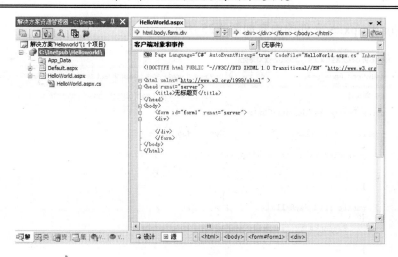

图 4.23　代码设计窗口

注意： 由 Visual Studio 生成的代码在 HelloWorld.aspx 文件中，其页面的顶部包括对源 HelloWorld.aspx.cs 文件引用的指令，这些内容在第 7 章中将详细讲解。双击打开 HelloWorld.aspx 文件将显示由 Visual Studio 2005 自动生成的初始 HTML 代码。

3. 为页面编写代码

在解决方案浏览器中选择 HelloWorld.aspx 文件，然后单击鼠标右键，执行"参看代码"菜单命令，将打开如图 4.24 所示的 C#代码。

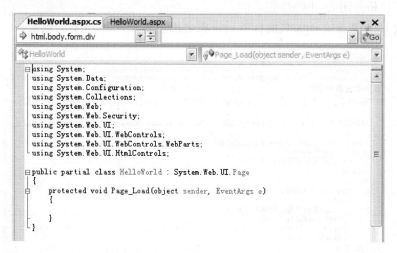

图 4.24　Visual Studio 2005 代码窗口

将下面的代码添加到页面代码内：

```
Public void SayHello()
{
Response.Write("来自代码的问候！");
}
```

HelloWorld.aspx.cs 文件的内容如图 4.25 所示。

图 4.25　Visual Studio 2005 代码窗口

4. 在 ASPX 文件中调用 SayHello 方法

选择"HelloWorld.aspx"页面的编辑窗口以便能返回到设计试图状态，然后选择窗口底部附近的源模式标签。在显示的 HTML 内容中，在页面上插入下面的标记。这段代码应该放置于打开和关闭的<div>标签之间。

添加完 HelloWorld.aspx 页面标签后，将会出现如图 4.26 所示的效果。

图 4.26　Visual Studio 2005 代码窗口

5. 编译网站并从 Visual Studio 2005 中运行该 Web 站点

Visual Studio 2005 将启动 IE 浏览器浏览该页面，如图 4.27 所示。

图 4.27　执行效果

6．如果程序没有问题就可以发布网站

如果程序没有问题就可以发布网站了。在解决方案窗口选中项目，单击鼠标右键，执行"生成网站"菜单命令。如果源代码有错误，错误将出现在窗口底部的错误窗口中。要浏览该应用程序，可执行"在浏览器中查看"菜单命令，如图 4.28 所示。

图 4.28　发布网站

本 章 小 结

本章详细介绍了 ASP 和 ASP.NET 开发环境的配置，即客户端的 IE 浏览器和服务器端的 IIS 服务器，对于开发环境则需要安装 Dreamweaver 和 Visual Studio 相关软件。

习 题 4

1．在 Web 开发中，主要对浏览器进行哪些设置？

2．如何在 IIS 中创建一个满足 ASP.NET 开发的虚拟目录？

实 训 题 目

1．配置 ASP 应用程序的执行环境，并在配置好的环境中编写一个输出"Hello World"的页面文件。提示：使用 Response.Write 方法输出字符串。

2．配置 ASP.NET 应用程序开发环境，并在配置好的环境中编写一个输出"Hello World"的页面文件。

第 5 章　客户端程序设计

通过前面章节的学习，已经知道 Web 页面首先在服务器端执行服务器端程序，然后通过网络把服务器端形成的 HTML 文档传送到客户端，客户端解释 HTML 标记并且执行客户端脚本程序。服务器端的内容将在后面章节中详细介绍，本章主要介绍客户端脚本程序的编写。

5.1　JavaScript 介绍

客户端脚本程序的编写可以采用 VBScript，也可以采用 JavaScript，JavaScript 使用比较普遍，语法结构也简单，本章只介绍使用 JavaScript 编写客户端程序。

JavaScript 是一种解释型的、基于对象的脚本语言，它不是其他语言的精简版，有其局限性，例如，不能使用 JavaScript 来编写独立运行的应用程序，JavaScript 也没有对读/写文件的内置支持，此外，JavaScript 只能在某个解释器或"宿主"上运行，比如 Internet 浏览器或者 Windows 脚本宿主。

JavaScript 是一种宽松类型的脚本语言，宽松的意思就是在编写程序时不必显式定义变量的数据类型，此外，JavaScript 还会根据需要自动进行数据类型的转换。如果将一个数值和一个字符串加在一起，则该数值将被转换为文本。例如，var A=1;var B="ABC";var C=A+B;，程序执行后变量 C 的值是字符串 1ABC。

JavaScript 程序是语句的集合，一条语句由一个或多个表达式、关键字或者运算符组成。通常，一条语句写一行，两条或更多条语句也可以写在同一行上，语句之间用分号";"隔开。分号是 JavaScript 语句的终止字符。例如：

```
var A="TEST"; //将文本"TEST"赋值给变量 A
var today=new Date(); //将今天的日期赋值给变量 today
```

这些只是 JavaScript 一些基本的语法，和 C++比较相似，对于 JavaScript 语法的详细内容在本章的后面进行详细介绍。

HTML 文档包含 HTML 标记和脚本程序，两者融合在一起就形成了 HTML 文档，接下来需要明白脚本程序是如何嵌入 HTML 标记中的。

5.2　客户端嵌入并执行脚本程序

5.2.1　把脚本嵌入 HTML 标签

嵌入脚本程序有以下几种方式：

（1）在 script 标签插入脚本程序块，这种方式通过在 HTML 标签中添加 script 标签，标签头为<script language="javascript">，标签尾为</script>，在标签头和尾中间加入 JavaScript 程序代码。

标签头里面的 language 属性指明脚本语言的类型为 JavaScript，在标签头和尾中间还可以插入 HTML 注释符，这样做是为了避免不支持脚本标签的浏览器直接显示脚本代码。这种方式的基本格式如下：

```
<script language="javascript">
<!--
插入脚本程序的地方
-- >
</script>
下面程序的功能是页面加载完成后就弹出对话框，HTML 文档的内容：
<html>
<head>
<title>弹出对话框</title>
</head>
<script language="javascript">
<!--
alert ('JavaScript'); //弹出对话框显示字符串 JavaScript
-->
</script>
<body>
</body>
</html>
```

执行上述代码后，其效果如图 5.1 所示。

图 5.1　页面加载完成后弹出对话框

（2）通过在 script 脚本的 src 属性中包含 JS 文件，这种方式通过在 HTML 中添加 script 标签，标签头为<script src="xxx.js">，标签尾为</script>，两种嵌入脚本方式的区别是，第一种方式的脚本程序在 script 标签头和标签尾中间，第二种方式的脚本程序在 xxx.js 脚本程序文件里面。

标签头里面的 src 属性指明脚本程序文件的虚拟路径，这种方式的基本格式如下：

```
<script language="javascript" src="xxx.js"></script>
```

脚本文件 Public.js 的内容如下：

```
alert ('JavaScript'); //弹出对话框显示字符串 JavaScript
HTML 文档的内容：
<html>
<head>
<title>弹出对话框</title>
</head>
<script language="javascript" src="public.js"></script>
<body>
</body>
</html>
```

（3）通过 HTML 对象的事件嵌入脚本程序，这种方式通过 HTML 对象的一系列事件处理函数嵌入脚本，例如，输入文本框的键盘按键事件"onkeydown 事件"。这种方式的一般格式如下：

```
<input type="input" value="" name="Obj" onkeydown="...;...;...;">
```

这里是使用输入文本框的"onkeydown"事件，通常情况下，脚本程序可以嵌入任何 HTML 标记的任何事件处理函数中。

单击按钮时弹出对话框，HTML 文档的内容如下：

```
<html>
<head>
<title>弹出对话框</title>
</head>
<body>
<input type="button" value="单击按钮弹出对话框" name="Obj" onclick="alert('JavaScript');">
</body>
</html>
```

（4）通过 script 标签定义 HTML 对象的事件方式嵌入脚本程序，这种方式和第三种方式都是通过定义 HTML 对象的事件来嵌入脚本程序。这种方式定义对象的事件和第三种方式定义对象的事件所使用的代码方式不同。脚本标签头为 <script for="Obj" event="onclick">，标签尾为</script>，基本格式如下：

```
<input type="button" name="Obj" value="按钮">
<script for="Obj" event="onclick">
<!--
    ......
-- >
</script>
```

在 script 脚本标签头里面使用 for 属性定义脚本的宿主对象，使用 event 属性定义宿主对象的事件，也就是通过 for 属性和 event 属性定义脚本由哪个对象的哪个事件触发。

HTML 文档的内容如下：

```
<html>
<head>
<title>弹出对话框</title>
</head>
<body>
<input type="button" value="单击按钮弹出对话框" name="Obj">
<script for="Obj" event="onclick">
<!--
alert('JavaScript');
-- >
</script>
</body>
</html>
```

执行上述代码后，其效果如图 5.2 所示。

图 5.2　单击按钮弹出对话框

5.2.2　脚本嵌入 HTML 中的位置

脚本程序可以通过四种方式嵌入 HTML 文档中的任何位置，但是为了程序的逻辑关系清楚、可读性强，一般把脚本程序插入在 HTML 文档的以下几个地方：

（1）插入在 <head> 标签中，<title> 标签后；

（2）插入在 <head> 标签之后，<body> 标签之前；

（3）插入在 <body> 标签中间；

（4）插入在 HTML 文档最后；

（5）插入在 HTML 对象的事件处理函数中。

下列程序指明了脚本程序可以插入的位置，HTML 文档的内容如下：

```
<html>
<head>
<title>脚本程序插入的位置演示</title>
<script language="javascript">var Str="Java";</script>
</head>
<script language="javascript">Str+="Script";</script>
<body>
```

```
<script language="javascript"> Str+=" Example";</script>
<input type="button" value="按钮" name="Obj" onclick="alert(Str);">
</body>
</html>
<script language="javascript">alert(Str);</script>
```

5.2.3　脚本程序执行

嵌入在 HTML 文档中的 JavaScript，在 Web 页面加载完成后就要在客户端的浏览器中解释执行，脚本的执行有以下三种方式。

（1）脚本顺序执行。脚本程序可以插入在 HTML 文档的任何地方，那么脚本在执行时就有一个先后顺序，插入在前面的脚本先执行，插入在后面的脚本就后执行，也就是按照插入的顺序依次执行脚本。

5.2.2 节的实例中，在<title>标签后面插入了一行定义变量 Str 并初始化它的脚本，然后在<body>标签前面又插入了一行脚本，在变量 Str 后面加上一个字符串，在<input>标签前面又插入了一行脚本，同样在变量 Str 后面加上一个字符串，在 HTML 文档最后插入了一行弹出对话框并显示变量 Str 值的脚本，脚本程序按照插入的顺序依次执行，所以 Web 页面执行的结果是弹出对话框，对话框中的内容是"JavaScript Example"，如图 5.3 所示。

图 5.3　执行效果图

（2）HTML 对象事件触发执行。页面加载完成后，插入在 HTML 对象的事件处理函数中的脚本程序是不会执行的，因为把脚本插入在事件处理函数中，那么插入的脚本就必须在对象所指定的事件发生时才执行。

5.2.2 节的实例中，定义了一个按钮，按钮的 onclick 事件中插入了脚本程序，Web 页面加载完成后，按钮的 onclick 事件中的脚本是不会执行的，只有在按钮的 onclick 事件发生时才执行，所以页面加载完成后，在 IE 里面单击按钮就会弹出对话框，显示变量 Str 的值"JavaScript Example"，如图 5.4 所示。

图 5.4　执行效果图

（3）库函数控制执行。在 IE 浏览器中可以通过 setTimeout 和 setInterval 两个函数来控制脚本的执行时间，setTimeout 函数是延时执行脚本，setInterval 函数是间隔执行脚本。

代码"setTimeout("alert('JavaScript');",1000);"的功能是在页面加载完成后 1000 毫秒弹出对话框显示"JavaScript"字符串；代码"setInterval("alert('JavaScript');",1000);"的功能是在页面加载完成后每隔 1000 毫秒弹出对话框显示字符串"JavaScript"。

5.3　IE 内置对象

5.3.1　HTML 对象

HTML 标签嵌套在一起就形成一个 HTML 文档，浏览器解释 HTML 文档形成一个可视化的网页窗口，每一个 HTML 标签就对应窗口中的一个对象。

例如 HTML 代码：<body><p><b>HTML</b>实例</p></body>，body 标签通过浏览器解释后就是页面的主体对象，内部的 p 标签和 b 标签以及文本都是主体对象的内容，p 标签通过浏览器解释后就是段落对象，同样，p 标签内部的 b 标签和文本就是段落对象的内容。

5.3.2　Document 对象

Document 对象代表给定浏览器窗口中的 HTML 文档，是一个固有对象，在编写客户端脚本程序时，可以使用 document 关键字获得 HTML 文档对象的引用。

Document 对象有很多属性、方法和事件，常用属性、方法和事件如下：

（1）bgColor 属性，设置或获取表明对象后面的背景颜色的值。

（2）URL 属性，设置或获取当前文档的 URL 地址。

（3）readyState 属性，获取 Document 对象的当前状态的值。

（4）all 集合，返回 Document 对象所包含的元素集合的引用。

（5）forms 集合，获取以源顺序排列的文档中所有表单对象的集合。

（6）frames 集合，获取给定文档定义或与给定窗口关联的文档定义的所有窗口对象的集合。

（7）write 方法，在指定窗口的文档中写入一个或多个 HTML 表达式。

（8）writeln，在指定窗口的文档中写入一个或多个 HTML 表达式，后面追加一个换行符。

下面的程序完成的功能是把文档里面所有对象的 name 属性输出：

```
for(var i=0;i<document.all.length;i++)
{
    if(typeof(document.all[i].name)!='undefined') alert(document.all[i].name);
}
```

5.3.3　Window 对象

Window 对象代表浏览器中一个打开的窗口。可以使用 Window 对象获取关于窗口状态的信息，还可以使用此对象访问窗口文档、窗口中发生的事件等。

Window 对象常用的属性和方法如下：

（1）top 属性，获取最顶层的窗口对象。

（2）defaultStatus 属性，设置或获取要在窗口底部的状态栏上显示的默认信息。

（3）Alert（字符串）方法，显示包含由应用程序自定义消息的对话框。

（4）close()方法，关闭当前浏览器窗口或 HTML 应用程序。

（5）Confirm（字符串）方法，显示一个确认对话框，其中包含一个可选的消息和确定取消按钮。

（6）focus()方法，使得元素得到焦点并执行由 onfocus 事件指定的代码。

（7）Open（URL 地址）方法，打开新窗口并装入给定 URL 的文档。

5.4　JavaScript 语法

5.4.1　变量和标识符

1．标识符

在 JavaScript 中定义标识符必须符合以下要求：

（1）第一个字符必须是字母或者下画线；

（2）后续的字符必须是字母、数字或者下画线；

（3）标识符不能和关键字冲突。

currentCount，finalCount，_Count1 就是合法的 JavaScript 标识符，99Balloons，Smith&Wesson 就是不合法的 JavaScript 标识符。

2．变量及数据类型

定义变量有显式和隐式两种定义变量方式，显式定义就是使用关键字 var 定义变量并初始化后使用该变量，隐式定义就是不使用关键字定义变量而直接对变量赋值，然后使用该变量。例如：

```
var count = 0,amount = 100;   // 用单个 var 关键字显式定义多个变量
count = 0,amount = 100;   // 隐式定义变量 count 和 amount
```

JavaScript 中变量数据类型有基本数据类型、复合数据类型和特殊数据类型，其中基本数据类型有字符串、数值、布尔，复合数据类型有对象、数组，特殊数据类型有 Null、Undefined。

字符串数据类型就是排在一起的一串 Unicode 字符（字母、数字和标点符号），字符串数据类型用表示 JavaScript 中的文本。脚本中可以包含字符串文字，这些字符串文字放在一对匹配的单引号或双引号中，字符串中也可以包含双引号，该双引号两边需加单引号，

也可以包含单引号，该单引号两边需加双引号。下面是字符串的示例：

> "Happy am I; from care I'm free!"
> '"Avast, ye lubbers!" roared the technician.'

请注意，JavaScript 中没有表示单个字符的类型（如 C++ 中的 char）。要表示 JavaScript 中的单个字符，应创建一个只包含一个字符的字符串，包含零个字符（""）的字符串是空（零长度）字符串。

整型可以是正整数，负整数和 0，可以用十进制，八进制和十六进制来表示，在 JavaScript 中大多数字是用十进制表示的。加前缀"0"表示八进制的整型值，只能包含0～7 的数字，加前缀为"0"同时包含数字"8"或"9"的数被解释为十进制数。

加前缀"0x"（零和 x|X）表示十六进制整型值。可以包含数字 0～9，以及字母 A～F（大写或小写）。使用字母 A～F 表示十进制 10～15 的单个数字。就是说 0xF 与 15 相等，同时 0x10 等于 16。八进制数和十六进制数可以为负，但不能有小数位，同时不能以科学计数法（指数）表示。

浮点型为带小数部分的数，也可以使用科学计数法来表示，用大写或小写"e"来表示 10 的次方。

字符串和数字类型可以有无数不同的值，boolean 数据类型只有两个值，即 true 和 false，true 表示真，false 表示假。y = (x == 2000);语句是要比较变量 x 的值是否与数字 2000 相等，如果相等，比较的结果为 Boolean 值 true，并将其赋给变量 y，如果 x 与 2000 不等，则比较的结果为 boolean 值 false。任何值为 0、null、未定义或空字符串的表达式被解释为 false。其他任意值的表达式解释为 true。

在 JavaScript 中 null 数据类型只有一个值 null。null 类型变量表示"无值"或"无对象"，换句话说，该变量没有保存有效的数、字符串、boolean、数组或对象。可以通过给一个变量赋 null 值来清除变量的内容。注意，在 JavaScript 中，null 与 0 不相等，同时 JavaScript 中 typeof 运算符将报告 null 值为 Object 类型，而非 null 类型。

在 JavaScript 中如果对象的属性不存在，或者声明了变量但从未赋值，那么会返回 undefined 值。注意不能通过与 undefined 做比较来测试一个变量是否存在，虽然可以检查它的类型是否为"undefined"。在以下的代码范例中，想测试是否已经声明变量 x。

```
// 这种方法不起作用
if (x == undefined)
// 这种方法同样不起作用
if (typeof(x) == undefined)
// 这种方法有效
if (typeof(x) == "undefined")
```

3．数据类型转换

一般来说，表达式中操作项的数据类型必须相同，才能对其求值。所以，如果表达式不经过强制转换就试图对两个不同的数据类型（如一个为数字，另一个为字符串）执行运算，将产生错误结果，但是在 JavaScript 中就不存在这种情况。JavaScript 是一种自由类型的语言，它的变量没有预定类型（相对于强类型语言，如 C++），JavaScript 变量的类型相应于它们包含的值的类型，也就是说一个变量的类型取决于它所存放值的类型。JavaScript 中的强制转换对照见表 5-1。

表 5-1　强制转换对照表

运　　算	结　　果
数值与字符串相加	将数值强制转换为字符串
布尔值与字符串相加	将布尔值强制转换为字符串
数值与布尔值相加	将布尔值强制转换为数值

在 JavaScript 中，可以对不同类型的值执行运算，不必担心 JavaScript 解释器产生异常。相反，JavaScript 解释器自动将数据类型之一改变（强制转换）为另一种数据类型，然后执行运算。例如：

```
var x = 2000;         // 一个数字
var y = "Hello";      // 一个字符串
x = x + y;            // 将数字强制转换为字符串
document.write(x);    // 输出  2000Hello
```

要想显式地将字符串转换为整数，使用 parseInt 方法。要想显式地将字符串转换为数字，使用 parseFloat 方法。请注意，比较大小时字符串自动转换为相等的数字，但加法（连接）运算时保留为字符串。

5.4.2　运算符和表达式

1．运算符

运算符就是在表达式中用于进行运算的一种符号或关键字，JavaScript 中的运算符有算术运算符、逻辑运算符、位运算符、赋值运算符和其他运算符。

（1）算术运算符，其中包括加法运算符、递增运算符、减法运算符、递减运算符、乘法运算符、除法运算符和取模运算符。

（2）位运算符。

① 按位与 "&"，对两个操作数按位进行与操作；

② 按位或 "|"，对两个操作数按位进行或操作；

③ 按位异或 "^"，对两个操作数按位进行异或操作；

④ 按位取非 "~"，单目运算符，对操作数进行按位取非操作；

⑤ 左移运算符 "<<"，双目运算符，对左边的操作数进行向左移位，移动的位数为右边的操作数的值；

⑥ 右移运算符 ">>"，双目运算符，对左边的操作数进行向右移位，移动的位数为右边的操作数的值；

⑦ 逻辑右移运算符 ">>>"：双目运算符，对左边的操作数进行向右移位，移动的位数为右边的操作数的值。

（3）逻辑运算符。

① 逻辑与 "&&"，当两个操作数都为 True 时，结果为 True，其他情况结果为 False；

② 逻辑或 "‖"，当两个操作数都为 False 时，结果为 False，其他情况结果为 True；

③ 逻辑非 "!"，!True = False，!False = True。

（4）关系运算符。

① 等于 "=="，判断两个操作数是否相等，若相等返回 True，否则返回 False；

② 不等于 "!="，判断两个操作数是否不相等，若不相等返回 True，否则返回 False；

③ 小于 "<"，若左操作数小于右操作数，返回 True，否则返回 False；

④ 大于 ">"，若左操作数大于右操作数，返回 True，否则返回 False；

⑤ 小于等于 "<="，若左操作数小于等于右操作数，返回 True，否则返回 False；

⑥ 大于等于 ">="，若左操作数大于等于右操作数，返回 True，否则返回 False；

⑦ 严格等于 "==="，比较时不进行类型转换，直接进行测试，如果两个操作数相等返回 True，否则返回 False；

⑧ 严格不等于 "!=="，比较时不进行类型转换，直接进行测试，如果两个操作数不相等返回 True，否则返回 False。

（5）赋值运算符。

① "="，将右边的值赋给左边的变量；

② "+="，将左边的操作数与右边的操作数相加，结果赋值给左边的操作数；

③ "-="，将左边的操作数减去右边的操作数，结果赋值给左边的操作数；

④ "*="，将左边的操作数与右边的操作数相乘，结果赋值给左边的操作数；

⑤ "/="，将左边的操作数除以右边的操作数，结果赋值给左边的操作数；

⑥ "%="，将左边的操作数用右边的操作数求模，结果赋值给左边的操作数；

⑦ "&="，将左边的操作数与右边的操作数按位与，结果赋值给左边的操作数；

⑧ "|="，将左边的操作数与右边的操作数按位或，结果赋值给左边的操作数；

⑨ "^="，将左边的操作数与右边的操作数按位异或，结果赋值给左边的操作数；

⑩ "<<="，将左边的操作数左移，位数由右边的操作数确定，结果赋值给左边的操作数；

⑪ ">>="，将左边的操作数右移，位数由右边的操作数确定，结果赋值给左边的操作数；

⑫ ">>>="，将左边的操作数进行无符号右移，位数由右边的操作数确定，结果赋值给左边的操作数。

（6）其他运算符。

① 条件操作符 "（条件表达式）?:表达式 1，表达式 2"，唯一的一个三目运算符，如果条件表达式为真则整个表达式的值为表达式 1 的值，否则为表达式 2 的值；

② 成员选择运算符 "."，用来引用对象的属性或方法，例如：window.open；

③ 下标运算符 "[]"，用来引用数组的元素，例如：Arr[3]；

④ 逗号运算符 ","，用来分开不同的值，例如：var A,B；

⑤ 函数调用运算符 "()"，用来表示函数调用；

⑥　"delete"，用来删除对象、对象的属性、数组元素；

⑦　"new"，用来生成一个对象的实例；

⑧　"typeof"，用来返回操作数的类型；

⑨　"void"，用于定义函数，表示不返回任何数值；

⑩　"this"，用来引用当前对象。

（7）运算符的优先级见表 5-2。

表 5-2　运算符的优先级

优　先　级	运　算　符
1	成员选择、括号、函数调用、数组下标
2	!、-（负号）、++、--、typeof、new、void、delete
3	*、/、%
4	+、-
5	<<、>>、>>>
6	<、<=、>、>=
7	==、!=、===、!==
8	&
9	^
10		
11	&&
12	‖
13	?:
14	=、+=、-=、*=、/=、%=、<<==、>>==、>>>==、&=、|=、^=
15	逗号运算符（,）

2．表达式

表达式就是由运算符、常量和变量组成的式子，按照使用的运算符不同，可以把表达式分成算数表达式、逻辑表达式、关系表达式等，表达式的值按照运算符的优先级进行运算。

例如算数表达式 10*2+10%2 的值为 20，逻辑表达式 2&&False 的值为 False，关系表达式(3>2)的值是 True。

5.4.3　控制语句

1．if 语句

其基本的格式如下：

```
if (表达式)
{
语句组;
```

```
          }
```

当表达式的值为真时执行 if 语句组中的语句，否则不执行 if 语句组中的语句，下面的
程序为求一个数的绝对值。

```
var Num,Result;
Num = 10;
Result = Num;
if(Num < 0) Result = -Num;
```

2. if-else 语句

如果表达式的值为真时，则执行语句组 1，否则执行语句组 2。if-else 语句的格式如下：

```
if (表达式)
{
语句组 1;
}
else
{
语句组 2;
}
```

下面程序的功能是找出两个数中最大的一个，程序代码如下：

```
var X,Y,Max;
X = 10;
Y = 30;
If(X > Y) Max = X; else Max = Y;
```

3. switch 语句

计算表达式的值，如果和语句中的某一个 case 子句中的常量表达式的值相同，则执行
此 case 语句下面的语句组，然后执行 break 语句跳出 switch 语句。如果没有 case 子句的值
和表达式的值相同，则执行 default 子句中的语句组，switch 语句的基本格式如下：

```
switch (表达式)
{
case 常量表达式 1:
语句组 1;
break;
case 常量表达式 2:
语句组 2;
break;
……
case 常量表达式 n:
语句 n;
break;
default:
```

```
    语句组;
    }
```

下面程序的功能是弹出对话框显示当前日期是一周之内的星期几。

```
switch((new Date()).getDay())
{
    case 0:
        alert('星期天');
        break;
    case 1:
        alert('星期一');
        break;
    case 2:
        alert('星期二');
        break;
    case 3:
        alert('星期三');
        break;
    case 4:
        alert('星期四');
        break;
    case 5:
        alert('星期五');
        break;
    case 6:
alert('星期六');
break;
default :
alert('错误');
}
```

该程序运行后的效果如图 5.5 所示。

图 5.5　显示当前日期是星期几

4．for 循环语句

for 循环语句是不断地执行一段程序，直到相应条件不满足，并且在每次循环后处理计数器，其基本的语法格式如下：

```
for (初始表达式；循环结束条件表达式；计数器表达式)
{
语句组;
}
下列程序的功能是计算 1～100 的累加和。
for(i=1;i<=100;i++)
{
Sum+=i;
}
```

5．while 语句

当程序需要执行一些语句，直到某个条件成立为止，而不是执行固定的执行次数时，可以使用 while 语句，其基本的语法格式如下：

```
while(循环结束条件表达式)
{
语句组;
计数器表达式;
}
```

求 1～100 中第 10 个能够整除 3 的数，程序代码如下：

```
var i=1,index=0;
while(i<=31&&index<10)
{
if(i%3==0)index++;
i++;
}
if(index==10) alert(i-1); else alert('没有满足条件的数');
```

该程序运行的效果如图 5.6 所示。

图 5.6　1～100 中第 10 个能够整除 3 的数

6．do-while 语句

while 语句在执行循环前先检查循环条件，在某些情况下，不管条件是否成立，都希望循环至少执行一次，这时应该使用 do- while 语句，其基本格式如下：

```
do
{
```

```
语句组;
计数器表达式;
}
while (循环结束条件表达式)
```

7. break 语句

break 语句可以无条件地跳出 switch 语句或循环语句。

例如，找出小于 100 同时能够整除 7 的最大数，使用的代码如下：

```
for(var i=100;i>=0;i--)
{
if(i%7==0) break;
}
if(i<=100) alert(i); else alert('没有符合条件的数');
```

该程序运行后的效果如图 5.7 所示。

图 5.7　小于 100 同时能够整除 7 的最大数

8. continue 语句

continue 语句也能跳出循环，但是，与 break 语句不同的是，在循环中执行到 continue 语句后，不能跳出整个循环，只能结束本轮循环，转到循环的开始执行下一轮循环。

5.4.4　函数

使用函数前，要先定义函数，定义函数的基本语法格式如下：

```
founction  函数名([参数 1,参数 2...])
{
代码块;
}
```

函数定义有三个要素：函数名；参数列表；函数体。

在 JavaScript 中，可以在定义函数时确定参数，也可以不按照函数的定义使用参数。每次调用函数时，使用 arguments 数组来访问调用函数时所给的参数。

下面程序的功能是计算 10～30 的整数和，使用的代码如下：

```
function Sum()
{
    var Result=0;
```

```
            if(arguments.length>=2)
    {
    for(i= arguments[0];i<= arguments[1];i++)
    {
    Result+=i;
    }
    }
    return Result;
    }
    alert(Sum(10,30));
```

该程序运行后的效果如图 5.8 所示。

图 5.8　求 10～30 的整数和

5.4.5　内置对象

1．Math 对象

Math 对象是一个固有对象，也就是此对象不用实例化就可以使用对象的方法和属性。此对象提供基本数学函数和常数，对象常用方法和常量如下：

（1）E 属性，返回自然对数的底，E 属性约等于 2.718。

（2）PI 属性，返回圆的周长与其直径的比值，约等于 3.141592653589793。

（3）random()方法，返回 0～1 的随机数。

（4）round(数值表达式)方法，返回与给出的数值表达式最接近的整数。如果方法参数的小数部分大于等于 0.5，返回值是大于方法参数的最小整数，否则，返回小于等于方法参数的最大整数。

（5）max(数值 1,数值 1,……)方法，返回给出的零个或多个数值表达式中较大的值。

（6）min(数值 1,数值 1,……)方法，返回给出的零个或多个数值表达式中较小的值。

（7）abs(数值表达式)方法，返回数值的绝对值。

例如，Math.random()返回一个大于等于 0 且小于 1 的随机数，Math.round(10.3)返回 10，Math.max(10,20,30)返回 30。

2．String 对象

（1）String 对象的创建。通过以下两种方法都可以创建一个字符串对象。

```
Str="hello";
Str=new String("hello");
```

（2）String 对象的属性和方法。字符串对象有一个常用的属性就是 length，通过此属性可以获得字符串的长度。

字符串的使用方法如下：

① charAt（位置），返回指定索引位置处的字符。

② indexOf（子字符串，起始索引），返回字符串对象内第一次出现子字符串的字符位置。

③ lastIndexOf（子字符串，起始索引），返回字符串对象中子字符串最后出现的位置。

④ substring（起始索引，结束索引），返回位于字符串对象中指定位置的子字符串。

⑤ toLowerCase()，返回一个字符串，该字符串中的字母被转换为小写字母。

⑥ toUpperCase()，返回一个字符串，该字符串中的所有字母都被转化为大写字母。

⑦ fontsize（字号），把一个带有 size 属性的<font>标签放置在字符串对象中的文本两端。

⑧fontcolor(颜色)，把带有 color 属性的一个<font>标签放置在字符串对象中的文本两端。

⑨ bold()，把<b>标签放置在字符串对象中的文本两端。

⑩ italics()，把<i>标签放置在字符串对象中的文本两端。

⑪ blink()，把<blink>标签放置在字符串对象中的文本两端。

⑫ big()，把<big>标签放置在字符串对象中的文本两端。

⑬ anchor()，在对象中的指定文本两端放置一个有 NAME 属性的 HTML 锚点。

⑭ link(URL)，把一个有 href 属性的锚点放置在字符串对象中的文本两端。

3．Date 对象

（1）Date 对象的定义。Date 对象的定义有以下几种方法：

① var 对象名=new Date();

② var 对象名=new Date(年,月,日);

③ var 对象名=new Date(年,月,日,时,分,秒);

④ var 对象名=new Date(字符串);

（2）Date 对象的方法。

① getYear()方法，返回 Date 对象中的年份值。

② getMonth()方法，返回一个 0～11 的整数，它代表 Date 对象中的月份值。这个整数要比按惯例表示的值小 1。

③ getDate() 方法，返回 Date 对象中用本地时间表示的一个月中的日期值。

④ getHours()方法，返回 Date 对象中用本地时间表示的小时值。

⑤ getMinutes()方法，返回 Date 对象中用本地时间表示的分钟值。

⑥ getSeconds()方法，返回 Date 对象中用本地时间表示的秒钟值。

⑦ getMilliseconds()方法，返回 Date 对象中用本地时间表示的毫秒值。

⑧ getDay()方法，返回 Date 对象中用本地时间表示的一周中的日期值。

⑨ setYear(numYear)方法，设置 Date 对象中的年份值。

⑩ setMonth(numMonth)方法，设置 Date 对象中用本地时间表示的月份值。

⑪ setDate(numDate)方法，设置 Date 对象中用本地时间表示的数字日期。

⑫ setHours(numHours)方法，设置 Date 对象中用本地时间表示的小时值。

⑬ setMinutes(numMinutes)方法，设置 Date 对象中用本地时间表示的分钟值。

⑭ setSeconds(numSeconds)方法，设置 Date 对象中用本地时间表示的秒钟值。

⑮ setMilliseconds(numMilli)方法，设置 Date 对象中用本地时间表示的毫秒值。

⑯ toString()方法，返回对象的字符串表示。

5.4.6　数组

1．Array 对象的定义

数组是对象，所以使用关键字 new 来创建，创建数组有以下两种方法：

（1）建立数组的同时，为每一个数组元素赋值，即静态初始化。例如：var Arr=new Array(1,2,3,4,5);

（2）建立数组时，可以定义长度而不为每个元素赋初值，以后根据实际的需要再赋值。例如：var Arr=new Array(10);

2．Array 对象的属性和方法

数组对象的一个常用属性是 length，可以获取数组的长度，即数组元素的个数。

Array 对象的常用方法如下：

（1）reverse()，返回一个元素顺序被反转的 Array 对象。

（2）concat(数组 1,数组 2,… ,数组 n)，返回一个新数组，这个新数组是由多个数组组合而成的。

（3）join([分隔符])，返回字符串值，其中包含了连接到一起的数组的所有元素，元素由指定的分隔符分隔开来，分隔符可以省略。

（4）slice(起始位置,结束位置)，返回一个数组的一段。

5.4.7　内置函数

JavaScript 中常用的内置函数有：

（1）escape()，此函数的功能是对字符串进行编码，以十六进制表示。

（2）unescape()，与 escape()正好相反，对字符串进行十六进制解码，多用于服务器端脚本。

（3）eval()，此函数用于将字符串转换为实际代表的语句或运算。

（4）parseInt()，此函数用于将其他类型的数据转换成整数。

（5）parseFloat()，与 parseInt()类似，此函数用于将其他类型的数据转换成浮点数。

（6）isNaN()，NaN 的意思是 Not a number，此函数用来判断一个表达式是否是数值。

5.4.8　正则表达式

使用正则表达式可以很容易从一个字符串中找出符合要求的内容，正则表达式其实就是提供一些匹配字符串的规则，然后按照定义的规则搜索目标字符串，找出其中符合规则的子字符串。创建正则表达式有以下两种方式：

> 1．re = /pattern/[flags]；
> 2．re = new RegExp("pattern",["flags"])

其中的可选项 flags 有以下两种选择：

> g,全文查找出现的所有匹配项；
> i,忽略大小写搜索。

例如,创建一个匹配数字且全文搜索、忽略大小写的正则表达式对象可以有以下两种写法：

> var re=/[0-9]*/ig;
> var re= new RegExp("[0-9]*","ig");

常用定义正则表达式匹配规则的符号定义见表 5-3。

表 5-3　常用定义正则表达式匹配规则的符号定义

字符	描　　述
\	将下一个字符标记为一个特殊字符、或一个原义字符、或一个后向引用、或一个八、十六进制的转义符。例如'\n'匹配一个换行符
^	匹配输入字符串的开始位置
$	匹配输入字符串的结束位置
*	匹配前面的子表达式零次或多次。例如，zo* 能匹配"z"以及 "zoo"
+	匹配前面的子表达式一次或多次。例如，'zo+' 能匹配"zo"以及"zoo"，但不能匹配 "z"
?	匹配前面的子表达式零次或一次。例如，"do(es)?" 可以匹配"do"或"does"中的"do"
{n}	n 是一个非负整数,匹配确定的 n 次。例如，'o{2}' 不能匹配 "Bob" 中的 'o'，但是能匹配 "food" 中的两个"o"
{n,}	n 是一个非负整数，至少匹配 n 次。例如，'o{2,}' 不能匹配"Bob"中的'o'，但能匹配 "foooood"中的所有"o"
{n,m}	m 和 n 均为非负整数，其中 n<=m，最少匹配 n 次且最多匹配 m 次
.	匹配除"\n"之外的任何单个字符。要匹配包括'\n'在内的任何字符,可以使用'[.\n]'
x|y	匹配 x 或 y。例如，'z|food'能匹配"z"或"food"
[xyz]	字符集合，匹配所包含的任意一个字符。例如，'[abc]'可以匹配"plain"中的'a'
[^xyz]	负值字符集合，匹配未包含的任意字符。例如，'[^abc]' 可以匹配"plain"中的'p'
[a-z]	字符范围，匹配指定范围内的任意字符。例如，'[a-z]' 可以匹配 'a' ～ 'z'内的任意小写字母的字符
[^a-z]	负值字符范围，匹配任何不在指定范围内的任意字符。例如，'[^a-z]' 可以匹配任何不在'a'～'z'范围内的任意字符
\d	匹配一个数字字符，等价于 [0-9]
\D	匹配一个非数字字符，等价于 [^0-9]
\s	匹配任何空白字符，包括空格、制表符、换页符等。等价于[\f\n\r\t\v]
\S	匹配任何非空白字符，等价于 [^ \f\n\r\t\v]
\w	匹配包括下划线的任何单词字符，等价于'[A-Za-z0-9_]'
\W	匹配任何非单词字符，等价于 '[^A-Za-z0-9_]'

5.5　JavaScript 综合运用

5.5.1　表单输入数据的验证

　　用户填写好信息，当提交信息时需要验证用户填写信息的完整性，下面通过用户注册的实例说明表单数据提交信息的验证功能，功能的主要代码如下：

```
<form id="frmRegister" name="frmRegister" method="post" action="">
<p>用 户 名：<input name="UserName" type="text" id="UserName" /></p>
<p>密 码：<input name="PassWord" type="password" id="PassWord" /></p>
<p>确认密码：<input name="CPassWord" type="password" id="CPassWord" /></p>
<p><input type="submit" name="Submit" onclick="return CheckForm();" value=" 注 册 " />   <input type="reset" name="Submit2" value=" 重 填 " /></p>
</form>
<script language="javascript">
function CheckForm()
{
        var frmObj=document.frmRegister;
        if(frmObj.UserName.value=='')
        {
                alert('请填写用户名！');
                frmObj.UserName.focus();
                return false;
        }
        if(frmObj.PassWord.value=='')
        {
                alert('请填写密码！');
                frmObj.PassWord.focus();
                return false;
        }
        if(frmObj.PassWord.value!=frmObj.CPassWord.value)
        {
                alert('确认密码不正确！');
                frmObj.CPassWord.focus();
                return false;
        }
}
</script>
```

　　该程序实现的表单输入数据验证如图 5.9 所示。

图 5.9　表单数据验证

　　首先通过 document 对象获得表单对象的引用，然后分别判断用户名文本框时填写内容，如果没有填写内容，则提示用户，并且把光标设置在用户名文本框中，同时不允许提交表单内容，然后判断密码是否填写，最后判断密码和确认密码是否一致。

　　注意：在注册按钮的 Click 事件处理代码中必须有 return CheckForm();语句，return 关键字不可缺，如果缺少，那么每一次判断用户信息填写错误后都要提交表单内容，这是不符合逻辑的。

5.5.2　旋转的文字

　　通过在页面中添加几个层，循环控制每一个层的几个关键属性，让几个连续的文字在页面中旋转，主要程序代码如下：

```
        <div        style="position:absolute;width:200px;height:115px;z-index:0;left:300px;font-size:80px"
id="Layer0">0</div>
        <div        style="position:absolute;width:200px;height:115px;z-index:1;left:200px;font-size:40px"
id="Layer1">1</div>
        <div        style="position:absolute;width:200px;height:115px;z-index:2;left:300px;font-size:10px"
id="Layer2">2</div>
        <div        style="position:absolute;width:200px;height:115px;z-index:3;left:400px;font-size:40px"
id="Layer3">3</div>
        <script language="javascript">
        var Index=0;
        Time=window.setInterval("Alors()",100); '旋转开始的执行代码
        function Alert()
        {
                Index=Index+0.05;
                for(var i=0;i<=3;i++)
                {
                        Obj=document.all("Layer"+i);
                        Obj.style.posLeft=400+100*Math.sin(Index+i);
                        Obj.style.zIndex=20*Math.cos(Index+i);
                        Obj.style.fontSize=40+25*Math.cos(Index+i);
                }
        }
        var Alpha=0;
```

```
function Alors(){
    Alpha=Alpha-0.05;
    for (x=0;x<4;x++){
        Alpha1=Alpha+x;
        Cosine=Math.cos(Alpha1);
        Ob=document.all("Layer"+x);
        Ob.style.posLeft=100*Math.sin(Alpha1)+400;
        Ob.style.zIndex=20*Cosine;
        Ob.style.fontSize=40+25*Cosine;
    }
}
</script>
```

该程序的运行效果如图 5.10 所示。

图 5.10　旋转的文字

5.5.3　日历

在页面中通过下拉框选择某一个月，然后在页面中显示这一个月的所有日期排列。
选择某一天的样式定义代码如下：

```
<style type="text/css">
<!--
.Span_Mouse_Over {
    background-color: #CC0000;
    color: #FFFFFF;
}
-->
</style>
```

在 body 标签中添加 Load 事件处理代码，初始化年和月的下拉列表框，并且把日历的
日期初始化为当前日期。

```
<body onload="Add_Year_Num();ShowDate();">
<script language="javascript">
function OutMonth(_Year,_Month)
{
    var  Result=' 日    一    二    三    四
  五  六<br>';
    var _DateObj=new Date(_Year,_Month-1,1);
    var firstday_week=_DateObj.getDay();
```

```
        if((_Year%4==0)&&(_Year%100!=0)||(_Year%400==0))        DayNumberOfSecondMonth=29;
else DayNumberOfSecondMonth=28;
        var _MonthArray=new Array(31,DayNumberOfSecondMonth,31,30,31,30,31,31,30,31,30,31);
        var DayNumberOfMonth=_MonthArray[_Month-1];
        var week_index=firstday_week;
        for(var i=1;i<=firstday_week;i++) Result+='    ';
        for(var j=1;j<=DayNumberOfMonth;j++)
        {
            var      _HTML_Str='<span      onmouseover="this.className=\'Span_Mouse_Over\';"
onmouseout="this.className=\'\';" style="cursor:hand">'+j+'</span>';
            if((j+'').length==1)              Result+=_HTML_Str+'   ';        else
Result+=_HTML_Str+'  ';
            week_index=(week_index+1)%7;
            if(week_index==0)Result+='<br>';
        }
        return Result;
    }

    function ShowDate()
    {
        var Date_Str=OutMonth(document.all.s_Year.value,document.all.s_Month.value);
        document.all.ShowPlace.innerHTML=Date_Str;
    }
    function Add_Year_Num()
    {
        var Select_Year_Obj=document.all.s_Year;
        var Select_Month_Obj=document.all.s_Month;
        var Date_Obj=new Date();
        for(var i=1990;i<=2010;i++)
        {
            if(i==Date_Obj.getYear()) Add_Option(Select_Year_Obj,i,i,true);
            else Add_Option(Select_Year_Obj,i,i,false);
        }
        for(var i=1;i<=12;i++)
        {
            if(i==Date_Obj.getMonth()+1) Add_Option(Select_Month_Obj,i,i,true);
            else Add_Option(Select_Month_Obj,i,i,false);
        }
    }
    function Add_Option(_Select_Obj,_Text,_Value,_IsSelected)
    {
        var oOption = document.createElement("OPTION");
        _Select_Obj.options.add(oOption);
        oOption.selected=_IsSelected;
```

```
        oOption.innerText = _Text;
        oOption.value = _Value;
    }
    </script>
    <select name="s_Year" onchange="ShowDate();" id="s_Year">
    </select>
    <select name="s_Month" onchange="ShowDate();" id="s_Month">
    </select>
    <p id="ShowPlace"></p></body>
    </html>
```

该程序的运行效果如图 5.11 所示。

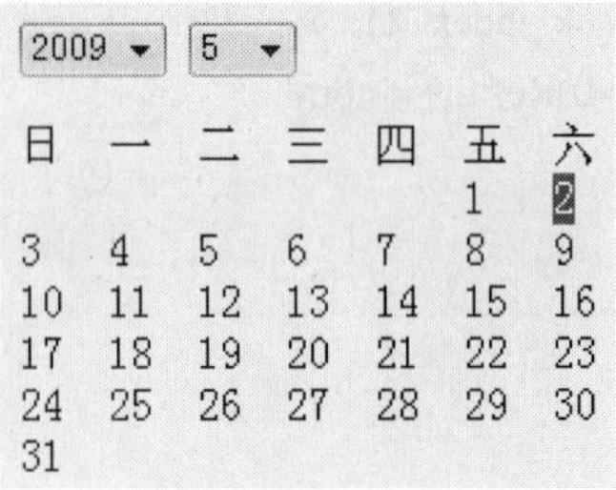

图 5.11　日历

5.5.4　计算器

计算器所需要的 HTML 对象代码如下：

```
    <p>
    <input name="Result" readonly type="text" id="Result" size="12" value="0" />
    <input type="button" name="Submit9" onclick="ClickResult();" value="=" />
    </p>
    <p>
    <input type="button" onclick="ClickNum(this.value);" name="Submit2" value="7" />
    <input type="button" onclick="ClickNum(this.value);" name="Submit2" value="8" />
    <input type="button" onclick="ClickNum(this.value);" name="Submit2" value="9" />
    <input type="button" name="Submit5" onclick="ClickOP(this.value);" value="/" />
    </p>
    <p>
    <input type="button" onclick="ClickNum(this.value);" name="Submit3" value="4" />
    <input type="button" onclick="ClickNum(this.value);" name="Submit3" value="5" />
    <input type="button" onclick="ClickNum(this.value);" name="Submit3" value="6" />
    <input type="button" name="Submit6" onclick="ClickOP(this.value);" value="*" />
    </p>
    <p>
    <input type="button" onclick="ClickNum(this.value);" name="Submit" value="1" />
```

```
<input type="button" onclick="ClickNum(this.value);" name="Submit" value="2" />
<input type="button" onclick="ClickNum(this.value);" name="Submit" value="3" />
<input type="button" name="Submit7" onclick="ClickOP(this.value);" value="-" />
</p>
<p>
<input type="button" onclick="ClickNum(this.value);" name="Submit" value="0" />
<input type="button" name="Submit4" onclick="ClickSign();" value="+/-" />
<input type="button" name="Submit8" onclick="ClickOP(this.value);" value="+" />
<input type="button" name="Submit10" onclick="Init();" value="C" />
</p>
```

完成计算器功能的代码如下：

```
<script language="javascript">
var Num1=0,Num2=0,OP='',Flag=0;
function ClickNum(_Val)
{
    var Obj=document.all.Result;
    if(Flag==1)
    {
        if(Obj.value!='') Num1=parseFloat(Obj.value);
        Obj.value='';
        Flag=2;
    }
    Obj.value=parseFloat(Obj.value+_Val);
}
function ClickSign()
{
    var Obj=document.all.Result;
    if(Obj.value=='')return;
    var _Val=parseFloat(Obj.value)
    Obj.value=-_Val;
}
function ClickOP(_OP)
{
    OP=_OP;
    Flag=1;
}
function ClickResult()
{
    var Obj=document.all.Result;
    if(Flag!=2) return;
    Num2=parseFloat(Obj.value);
    switch(OP)
    {
```

```
        case '+':
            Obj.value=Num1+Num2;
            break;
        case '-':
            Obj.value=Num1-Num2;
            break;
        case '*':
            Obj.value=Num1*Num2;
            break;
        case '/':
            if(Num2==0){alert('除数为 0！');return;}
            Obj.value=Num1/Num2;
            break;
        default:

    }
    Flag=0;
}
function Init()
{
    var Obj=document.all.Result;
    Num1=0;
    Num2=0;
    OP=';
    Flag=0;
    Obj.value='0';
}
</script>
```

该程序运行后的效果如图 5.12 所示。

图 5.12　计算器

5.5.5 幻灯片

在页面中通过 IMG 标签加载四张图片，然后把这四张图片的 ID 属性设置成 IMG1、IMG2、IMG3 和 IMG4，除第一张图片之外，其他图片全部隐藏，使用的代码如下：

```
<img id="IMG1" src="../images/01.jpg" />
<img id="IMG2" style="display:none;" src="../images/02.jpg" />
<img id="IMG3" style="display:none;" src="../images/03.jpg" />
<img id="IMG4" style="display:none;" src="../images/04.jpg" />
```
添加四个 Span 标记和一个按钮，在 Span 标记和按钮的 Click 事件处理函数中添加代码：
```
<span style="cursor:hand;" onclick="Click(1);">1</span>
<span style="cursor:hand;" onclick="Click(2);">2</span>
<span style="cursor:hand;" onclick="Click(3);">3</ span >
<span style="cursor:hand;" onclick="Click(4);">4</span>
<input type="button" onclick="Start();" name="Submit" value="开始" />
```
全局变量和处理函数分别如下：
```
var Len=4;
var Index=1;
function Click(_Var)
{
    for(var i=1;i<=4;i++)
    {
        if(i==_Var)document.all("IMG"+i).style.display='';
        else document.all("IMG"+i).style.display='none';
    }
}
function Start()
{
    Index++;
    setInterval('Click('+Index+');',100)
}
```

该程序运行后的效果如图 5.13 所示。

图 5.13 幻灯片

本 章 小 结

　　JavaScript 的语法简洁，对数据类型要求不严格，所以使用 JavaScript 编写程序效率高。但是在 Dreamweaver 或者文本编辑器中编写 JavaScript，没有代码索引，没有程序跟踪，而且 JavaScript 是解释性的脚本语言，所以使用 JavaScript 编写客户端程序也比较困难。在编写客户端脚本程序时，需要注意以下几点：

　　（1）客户端脚本程序可以通过 Script 标签单独存在，也可以存在于 HTML 事件处理函数中，所以在编写程序过程中需要注意语法，不要和 HTML 标签混淆在一起。

　　（2）JavaScript 是区分大小写的，在客户端脚本程序中通常需要应用 HTML 标签对象，所以特别要注意在脚本中使用标签 ID 属性引用对象时，必须使用完整的 ID 属性内容，否则客户端程序将要报出找不到对象错误。

　　（3）没有程序执行跟踪器来跟踪客户端脚本程序的执行，所以在调试客户端脚本程序的时候，可以在需要查看变量值的地方通过弹出对话框函数 alert 显示变量的值。

习 题 5

一、选择题

1. 在 HTML 文档中引入一个 js 脚本文件，下列书写正确的是（　　　）。

　　A．<script href="xxxx.js">　　　　　　B．<script src="xxxx.js">

　　C．<script name="xxxx.js">　　　　　　D．<script file="xxxx.js">

2. 下列 JavaScript 的变量声明和初始化语句中，正确的是（　　　）。

　　A．int m=1;　　　　　　　　　　　　B．var I;i=1;

　　C．int i,j;j=2;　　　　　　　　　　　D．var i=10;

3. 下列判断语句中（　　）是正确的。

　　A．if(x<>0){}　　　　　　　　　　　B．f(x!=0) then

　　C．if(x==0){}　　　　　　　　　　　D．if x==0 {}

4. 语句 document.write("The Number is ：" + 100);的输出结果是（　　　）。

　　A．The Number is ：100　　　　　　　B．语法错误

　　C．the number is ：100　　　　　　　D．The Number is 100

5. 语句 for(var i=1,k=1;i<=10;i++)k+=i;的执行结果是（　　）。

　　A．语法错误　　　　　　　　　　　　B．55

　　C．56　　　　　　　　　　　　　　　D．50

二、填空题

1. 编写客户端脚本程序可以使用的语言有＿＿＿＿＿＿＿＿＿＿、＿＿＿＿＿＿＿＿＿＿＿。

2. JavaScript 脚本嵌入 HTML 文档中的方式有＿＿＿＿＿＿＿＿＿、＿＿＿＿＿＿＿＿＿、

＿＿＿＿＿＿＿＿＿＿、＿＿＿＿＿＿＿＿＿。

3. 下列程序完成的功能是弹出对话框显示两个数中较大的数，补充程序。

```
var x,y,max
if(_____)max=x;else _____;
_____;
```

4. 下列程序完成的功能是，单击按钮时弹出对话框显示文本框中的数字的阶乘，假设文本框中输入的内容是整数，补充程序。

```
……
阶乘数字：<input name="Num" value="" type="text">
<input name="button1" value="阶乘" onclick="_____;" type="button">
……
<script language="javascript">
function Fun()
{
        var n=document.all._____.value,i,theResult=_____;
        for(i=1;i<=n;i++)
        {
                theResult*=_____;
        }
        alert(theResult);
}
```

5. JavaScript 在不同的浏览器中运行时，将得到_____的结果。

```
</script>
```

实　训　题　目

1. 编写一个有加、减、乘和除功能的网页计算器。
2. 编写一个判断内容是整数的函数。
3. 编写一个网页倒计时器。

第6章　ASP 程序设计

Web 应用程序是在 B/S 模式环境中执行，第 5 章已经讲解了客户端程序的编写，本章将重点讲解服务器端程序的编写。

最早的 Web 应用程序环境是 ASP（Active Server Pages），它使用解释性脚本 VBScript 编写代码，现在 ASP 使用比较广泛。但 Web 应用程序环境的发展方向还是 ASP.NET，因为 ASP 是一种解释性脚本，所以导致 ASP 环境中代码执行效率低，代码安全性差等缺点。ASP.NET 使用 C#语言编写程序，它是需要编译执行的，所以代码执行效率高，代码安全性好。

本章首先介绍相对简单的 ASP，然后介绍 Web 应用程序环境中的内置对象，在第 7 章介绍相对较难的 ASP.NET。

6.1　ASP 程序设计基础

一个 Web 页面里面包含有三部分内容：HTML 标记、客户端程序和服务器端程序。在 ASP 环境中编写的服务器程序都必须使用符号<%和符号%>括起来，下列程序就是一个最简单的 ASP 应用程序页面：

```
<html>
<head>
<title>第一个 ASP 页面，显示 "Hello World!" 字符串</title>
</head>
<body><% Response.Write("Hello World!") %></body>
</html>
```

该程序执行后的效果如图 6.1 所示。

图 6.1　显示 "Hello World!"

Response 是 ASP 内置对象，它是服务器向客户端发送响应的对象，Write 是 Response 对象的输出字符串方法，Response.Write 语句完成的功能就是服务器向客户端输出一个字符串。

6.1.1　VBScript 介绍

VBScript 是 ASP 服务器端的默认语言，在服务器端还可以使用 JavaScript，但目前使用较多的是 VBScript，所以本章只介绍 VBScript 服务器端脚本。

VBScript 是一种脚本语言，是 Microsoft Visual Basic 的简化版本。脚本语言的用法也比较简单，所以编制简单的 Web 应用程序时，使用 VBScript 脚本语言很容易实现，但是也使开发大型应用程序变得很困难。

6.1.2　VBScript 的基本语法

1. 变量

（1）变量命名规则，在 VBScript 中，变量命名必须满足以下条件：变量的名字必须以字母开头；名字中不能含有句号；名字不能超过 255 个字符；名字不能和 VBScript 中的关键字同名；变量名在被声明的作用域内必须唯一。

Str，Student，NUM 等就是合法的 VBScript 变量名，_Str，Stu.Num，DIM 等就是不合法的 VBScript 变量名。

（2）变量定义，在 VBScript 中变量定义有两种方式，一种为显式定义，另一种为隐式定义。VBScript 是一中弱数据类型的脚本语言，在编写程序时，显式定义变量就是先定义变量和初始化然后使用变量。隐式定义变量就是不定义变量直接初始化变量然后使用变量。

显式定义变量的代码如下：

```
Option   Explicit
Dim   studentAge
studentAge=22
Response.Write(studentAge)
```

隐式定义变量的代码如下：

```
studentAge=22
Response.Write(studentAge)
```

在 VBScript 中显式定义变量，一般来说要在页面最前面加上 Option Explicit 语句，此语句是强制定义变量语句。变量定义后一定要初始化后才使用，否则程序执行过程中就有可能发生错误。

（3）变量的作用域。变量的作用域指的是变量的有效范围，因为变量被声明后不是在任何地方都可以被使用的，在作用域内可以使用变量，在作用域外变量则不可见。

```
<% Option Explicit
Dim X,Y
X = 1
Y = 1
SetLocalVariab1e
Response.Write( X )  '输出 1
Response.Write( Y )  '输出 2
Sub SetLocalVariab1e
Dim  X
X = 2
Y = 2
End Sub
```

```
        %>
```

该程序运行后的效果如图 6.2 所示。

图 6.2　变量的作用域

在这个例子中定义两个全局变量，在过程中定义局部变量 X，所以全局变量 X 在过程中被局部变量覆盖，输出 X 的值为 1，在过程中没有定义和 Y 一样的局部变量，所以在过程中对 Y 的赋值就是对全局变量 Y 的赋值，输出 Y 的值为 2。

2. 常量

在 VBScript 中，常量有字符串常量、数值常量和符号常量。字符串常量是通过双引号括起来的任意多个字符的组合，数值常量就是数字的组合，符号常量是语言中定义的一些特殊关键字，并且代表特定的内容，VBScript 中有以下符号常量，见表 6-1。

表 6-1　符号常量表

常 量 名 称	常 量 含 义	常 量 名 称	常 量 含 义
True	表示布尔真值	False	表示布尔假值
Null	表示空值	Empty	表示没有初始化之前的值
VbCr	表示回车	vbCrlf	表示回车/换行

3. 数组

VBScript 中使用数组必须要注意以下三个方面：

（1）使用数组之前要先进行定义，然后才能使用，通常用 Dim 语句来定义数组。

（2）数组下标和其他语言一样也是从 0 开始。

（3）一个数组中可以含有各种子类型的数据元素，也就是一个数组中的数组元素的数据类型可以不一样。

静态数组

静态数组可分为一维数组、二维数组或多维数组。数组的维数和大小由数组名之后紧跟的括号中的数字的个数和数值的大小来决定。静态数组在编译时开辟内存区，因此它的大小在运行时是不可以改变的。例如，定义一个一维数组 Student(3) 的语句为 "Dim arrStudent(3)"，此数组中包含四个数组元素。

动态数组

动态数组是运行时大小可变的数组，当程序没有运行时，动态数组不占内存，在程序运行时才为其开辟内存区。动态数组的定义一般分两步：首先用 Dim 语句声明一个括号内不包含下标的数组，然后在使用数组之前用 ReDim 语句根据实际需要重新定义下标值，也可以用 ReDim 语句直接定义数组。

ReDim 语句的格式为：ReDim [Preserve] 变量（下标），Preserve 关键字表示定义数组时保留原有数组内容。

与数组有关的几个库函数

LBound 和 UBound 函数，两个函数的语法如下：

> LBound（数组名），UBound（数组名）

LBound 函数返回数组的最小下标值，UBound 函数返回数组的最大下标值，这两个函数通常用于循环遍历数组元素。注意：数组元素的下标从 0 开始。

Split 函数，其语法如下：

> Split（字符串 1，字符串 2）

Split 函数的功能是以字符串 2 为分隔符把字符串 1 分隔成一个一维数组，并且作为函数的返回值返回。例如 StrArray = Split("AAA,BBB,CCC",",")，语句执行后，变量 StrArray 就是一个有三个数组元素的数组，三个元素分别是字符串 "AAA"，"BBB"，"CCC"。

IsArray 函数的语法如下：

> IsArray(变量名)

函数的功能是判断变量是否是数组，如果是数组返回 True，否则返回 False。

下列程序的功能是定义一个数组，然后对数组每个元素初始化，最后输出此数组中的所有内容。

```
Dim Students(1),i
Students(0)="Jack"
Students(1)="Mary"
for i=LBound(Students) to UBound(Students)    '输出数组的所有元素
    Response.Write(Students(i) & "<br>")
Next
```

该程序运行后的效果如图 6.3 所示。

图 6.3　数组

下列程序使用 Split 函数动态定义数组。

```
Dim Student,Str,i
For i=1 to 3
    Str = Str & ","
Next
Student=Split(Str,",")
```

语句执行后 Student 变量就是一个拥有四个元素的字符串数组。

4．运算符和表达式

VBScript 运算符有算数运算符、逻辑运算符、关系运算符和字符串连接运算符。

算数运算符有加法（+）、减法（–）、乘法（*）、浮点除法（/）、整数除法（\）、指数（^）和余数（MOD）。

逻辑运算符有逻辑非（NOT）、逻辑与（AND）、逻辑或（OR）、逻辑异或（XOR）、逻辑等于（EQV）和逻辑包含（IMP）。

关系运算符有等于（=）、不等于（<>）、大于（>）、小于（<）、大于等于（>=）、小于等于（<=）。

字符串连接运算符有"&"运算符和"+"运算符。

整个运算符的优先级见表 6-2。

表 6-2　运算符的优先级

运算符及名称	优 先 级	运算符及名称	优 先 级	运算及名称	优 先 级
（）括号	1	＝等于	9	OR 逻辑或	17
^乘方	2	<>不等于	10	NOT 逻辑非	18
–单目减	3	>大于	11	XOR 逻辑异或	19
*和/乘和除	4	<小于	12	EQV 逻辑等于	20
\整除	5	>=大于等于	13	IMP 逻辑包含	21
Mod 取余	6	<=小于等于	14		
+和-加和减	7	Is 对象相等	15		
&字符串连接	8	And 逻辑与	16		

相应的 VBScript 中的表达式有数学表达式、关系表达式、逻辑表达式和字符串表达式。下列程序就是 VBScript 中表达式的实例。

```
Dim X,Y,Z,S
X = (100+2*6/3) MOD 5 '数学表达式
Y = (100 MOD 5=0) AND (100 MOD 2=0) '逻辑表达式
Z = (100>=20) OR (100<200) '逻辑表达式
S = "Hellow" & " World" + "!" '字符串表达式
Response.Write(X & "<br>") '输出 4
Response.Write(Y & "<br>") '输出 True
Response.Write(Z & "<br>") '输出 True
Response.Write(S & "<br>") '输出 Hellow World!
```

该程序运行后的效果如图 6.4 所示。

图 6.4　表达式

5．条件控制语句

条件控制语句通常情况下用来控制程序流程转向和选择问题，包括选择语句（If…Then…Else）和多分支选择语句（Select…Case）。

If 语句可以完成单分支、双分支，完成单分支的语法如下：

```
if 条件表达式 then 单语句
或者
if 条件表达式 then
    语句组
end if
```

双分支语句的语法如下：

```
if 条件表达式 then 单语句 1 else 单语句 2
或者
if 条件表达式 then
    语句组 1
else
    语句组 2
end if
```

总结：在书写 if 分支语句时，如果分支语句中执行单行语句则可以不换行，如果执行语句组那么必须换行书写，最后需要使用 end if 语句结束 if 分支语句。

下列程序输出两个数中较小的数。

```
Dim X，Y，Min
X = 100
Y = 200
if X > Y then Min = Y else Min = X
Response.Write(Min)
```

该程序运行后的效果如图 6.5 所示。

图 6.5　输出两个数中较小的数

下面的程序使用嵌套的 if 语句，求出三个数中最大的一个。

```
Dim X,Y,Z,Max
X = 10
Y = 20
Z = 30
if X > Y then
    if X > Z then
        Max = X
```

```
            Else
                Max = Z
                End if
        else
            if Y > Z then
                Max = Y
            Else
                Max = Z
            End if
        end if
        Response.Write(Max)
```

该程序运行后的效果如图 6.6 所示。

图 6.6　输出三个数中最大数

完成多分支功能需要用到 Select 语句，Select 语句的语法格式如下：

```
Select Case  测试表达式
[Case  常量表达式 1
[语句体 1]]
[Case  常量表达式 2
[语句体 2]]
…
[Case Else
[语句体 n]]
End Select
```

在执行语句时，首先计算测试表达式的值，然后匹配后面的常量表达式，如果能够找到和测试表达式值相同的常量表达式则执行其后的语句体，然后退出 Select 语句，如果没有找到相同值的常量表达式则执行 Case Else 子句下面的语句体，下列程序就是一个 Select 语句实例。

```
Dim X
X = 3
Select Case X
Case ""
Response.Write("输入错误，请输入数字！")
Case 1
Response.Write("星期一")
Case 2
Response.Write("星期二")
Case 3
Response.Write("星期三")
```

```
Case 4
Response.Write("星期四")
Case 5
Response.Write("星期五")
Case 6
Response.Write("星期六")
Case 7
Response.Write("星期日")
Case else
Response.Write("请输入 1~7 中的数字！")
End Select
```

该程序运行后的效果如图 6.7 所示。

图 6.7　Select 语句实例

6．循环控制语句

循环控制语句用来编写特定条件下执行过程相似的循环流程，循环控制语句有 For 循环控制语句（For…Next，For Each…Next）、Do 循环控制语句（Do…Loop）和 While 循环（While…Wend）语句。

For…Next 循环语句用于已知循环次数的循环，循环变量从初值按照步长变化到终值，其中循环变量是自动按照步长增加，其语法格式如下：

```
For 循环变量=初值 To 终值 [Step 步长]
循环体
[Exit For]
Next [循环变量]
```

For Each…Next 语句对数组或对象集合中的每个元素重复一组语句，如果不知道一个集合中有多少个元素，用 For Each…Next 循环非常方便，其语法格式如下：

```
For Each 元素 In 集合
循环体
[Exit For]
Next [元素]
```

下面程序的功能是完成计算 10 的阶乘。

```
Dim i，Y
Y = 1
For i = 1 To 10
    Y = Y * i
Next
```

该程序运行后的效果如图 6.8 所示。

图 6.8　计算 10 的阶乘

下面程序的功能是输出数组元素。

```
Dim Students(3),Student
Students(0) = "Jack"
Students(1) = "Mary"
Students(2) = "Rose"
Students(3) = "Hank"
For Each Student In Students
    Response.Write(Student & "<br>")
Next
```

该程序运行后的效果如图 6.9 所示。

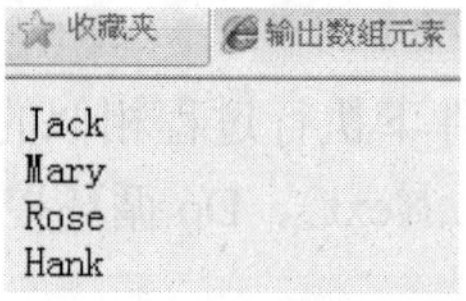

图 6.9　输出数组元素

Do 循环语句一般应用在用户不确定循环次数的循环，Do 循环有两种书写形式，其语法结构如下：

```
Do [While|Until 循环条件]
循环体
[Exit Do]
Loop
或者
Do
循环体
[Exit Do]
Loop [While|Until 循环条件]
```

第一种形式的 Do 循环语句的执行过程是先判断循环条件，如果满足条件则执行循环体，否则退出循环语句，第二种形式的执行过程是先执行一次循环体，然后判断循环条件，同样的，如果满足条件则再一次执行循环体，否则退出循环语句。

综上所述，两种形式的区别就在于第一种形式的循环体执行次数是大于等于 0 次，第二种形式的循环体的执行次数是大于等于 1 次。

在两种形式中都有 While 和 Until 两种判断循环条件的方式，While 判断循环条件的方式是循环条件为真则执行循环体，否则退出循环，Until 判断循环条件的方式是循环条件为假则执行循环体，否则退出循环。

下面程序的功能是找出 1～100 既能整除 3 又能整除 5 的最大数。

```
Dim i
i = 100
do Until (i MOD 3 = 0) AND (i MOD 5 = 0)
    i = i - 1
Loop
Response.Write(i)
```

下面程序的功能是计算 1～100 的和。

```
Dim i,Sum
Sum = 0
i = 1
do while i <= 100
Sum = Sum + i
i = i + 1
Loop
Response.Write(Sum)
```

对于循环次数不确定的循环，还可以使用 While 循环语句，其语法结构如下：

```
While  循环条件
循环体
Wend
```

While 循环语句的执行过程是先判断循环条件，如果循环条件为真则执行循环体，否则退出循环语句。

求 1～100 和的另一种实现方法：

```
Dim I,Sum
Sum = 0
i = 1
While i <= 100
    Sum = Sum + i
    i = i + 1
Wend
Response.Write(Sum)
```

循环语句可以嵌套在一起使用，循环语句还可以和 if 语句嵌套在一起使用，嵌套可以完成一些复杂的功能，下列程序就是循环语句和 if 语句之间的嵌套使用的例子。

```
Dim i,j,Result
Result = 0
For i = 100 To 3 Step -1
```

```
        For j = 2 To i-1
            If i mod j = 0 Then Exit For
        Next
        If j >= i - 1 then
            Result = i
            Exit For
        End If
    Next
    Response.Write(Result)
```

实例中使用了 Exit For 语句，此语句终止 For 循环语句当前循环之后的所有循环，如果要终止 Do 循环语句当前循环之后的所有循环，可以使用 Exit Do 语句。

7. 过程和函数

函数是用来完成特定功能的独立程序代码，函数的语法结构如下：

```
Function  函数名[(参数列表)]
[语句块]
[函数名=表达式]
[Exit Function]
[语句块]
End Function
```

函数的返回值通过函数名传递回函数调用的地方。

Sub 过程就是没有返回值的函数，其语法格式如下：

```
Sub  过程名[(参数列表)]
[语句块]
[Exit Sub]
[语句块]
End Sub
```

函数和过程的区别是，过程没有返回值，而函数在调用时将可以返回一个值。

```
Dim Arr(2)
Arr(0) = -1
Arr(1) = 12
Arr(2) = -12
ChangeArr()
OutputArr()
Sub ChangeArr() '遍历所有元素，求每个元素的绝对值
    Dim i
    for i = LBound(Arr) to UBound(Arr)
        if Arr(i) < 0 then Arr(i) = -Arr(i)
    Next
End Sub
Sub OutputArr()     '输出数组所有元素
```

```
        Dim i
        for i = LBound(Arr) to UBound(Arr)
                Response.Write(Arr(i) & "<br>")
        Next
    End Sub
```

该程序运行后的效果如图 6.10 所示。

图 6.10　函数举例

调用两个过程对数组进行处理，ChangeArr 过程完成对数组中所有元素求绝对值，OutputArr 过程完成输出数组所有元素。下面程序的功能是输出三个数中最大的数。

```
    Dim X,Y,Z
    X = 20
    Y = 10
    Z = 30
    X = Max(Max(X,Y),Z)
    Response.Write(X)
    Function Max(ParaX,ParaY)
        if ParaX > ParaY then
                Max = ParaX
        else
                Max = ParaY
        end if
    End Function
```

如果需要终止一个过程的执行，则需要在过程中使用 Exit Sub 语句，如果想要终止一个函数的执行，则需要在函数中使用 Exit Function 语句。下面程序的功能是找出小于 100 的最大质数。

```
    Dim i
    For i = 100 to 3 Step -1
        if IsTheNumber(i) then
                Response.Write(i)
                Exit For
        end if
    Next
    Function IsTheNumber(Para)
        Dim i
        IsTheNumber = True
        For i = 2 to Para - 1
                if Para MOD i = 0 then
```

```
                    IsTheNumber = False
                    Exit Function
            end if
        Next
    End Function
```

IsTheNumber 函数完成判断每一个数是否是质数，如果是函数返回 True，否则返回 False，函数外面的 For 循环从 100 到 3 按照步长-1 循环，所以如果发现 100 以下的第一个质数，就输出这个数，并且退出 For 循环。

8. 库函数的使用

（1）常用的数据类型转换函数有：CStr、CInt、CDate、CBool、CLng、CSng 和 CDbl，这一类函数的功能是把函数的参数转换成相应类型并且返回。

CStr 函数的语法结构如下：

```
CStr（表达式）
```

对于不同类型的表达式，函数返回不同的值，具体内容见表 6-3。

表 6-3　不同类型表达式的返回值

表 达 式	函数返回值
Boolean	字符串，包含 True 或 False
Date	字符串，包含系统的短日期格式日期
Null	运行时错误
Empty	零长度字符串 ("")
其他数值	字符串，包含此数字

CInt 函数的语法结构如下：

```
CInt（表达式）
```

其中表达式为任意有效表达式，函数返回值为整数。注意：函数总是将表达式的值四舍五入成最接近该数的偶数，例如，如果表达式的值是 0.5，那么函数返回值为 0，如果表达式的值为 1.5，则函数返回值为 2。

CDate 函数的语法结构如下：

```
CDate（表达式）
```

其中表达式为任意有效的日期表达式，函数返回值为表达式所指明的日期，例如：

```
MyDate = "October 19, 1962"
MyShortDate = CDate(MyDate) 'MyShortDate 变量为日期类型变量
```

CBool 函数的语法结构如下：

```
CBool（表达式）
```

其中表达式为任意有效表达式，如果表达式的值为零，则返回 False；否则返回 True。

如果表达式为不能解释的数值，则将发生运行时错误。例如：

```
Dim A,B,Check
A = 5 : B = 5          '初始化变量
Check = CBool(A = B) '变量 Check 的值为 True
A = 0                  '定义变量
Check = CBool(A)       '变量 Check 的值为 False
```

CLng 函数的功能是把表达式转换成长整型，函数的语法结构如下：

CLng（表达式）

CSng 和 CDbl 函数的功能是把表达式分别转换成单精度和双精度的浮点数。

（2）常用的数据类型判别函数有：IsNull、IsEmpty、IsNumeric、IsArray、IsDate 和 IsObject，这一类函数的功能是判断函数的参数是不是某一种数据类型，如果是返回 True，否则返回 False。函数的语法结构如下：

函数名（表达式）

IsNull 函数指明表达式是否不包含任何有效数据，IsEmpty 通常用于判断一个变量是否已初始化，所以此函数的参数经常是一个变量名，IsNumeric 函数指明表达式的值是否为数字，IsArray 指明表达式是否为数组，IsDate 指明表达式是否可以转换为日期，IsObject 函数指明表达式是否为有效对象。

（3）常用的数学函数有：求平方根函数（Sqr）、求绝对值函数（Abs）、e 的指数幂函数（Exp）、e 的对数函数（Log）和符号函数（Sgn），上述函数的语法结构如下：

函数名（有效数值表达式）

（4）常用的字符串函数有：Space、LTrim、Trim、RTrim、Len、Right、Left、Mid、LCase、UCase 和 InStr。Space 函数返回由指定数目的空格组成的字符串；LTrim、RTrim、Trim 三个函数的功能分别是返回不带前导空格（Ltrim）、后续空格（Rtrim）或前导与后续空格（Trim）的字符串；Len 函数是返回参数字符串的字符数。

Right、Left 和 Mid 函数是字符串截取函数，Right 函数的功能是返回参数字符串右边指定长度的字符串，函数的语法结构如下：

Right（字符串,长度）

例如 Right("ABCDEF",2)，函数返回值为字符串"AB"。
Left 函数的功能是返回参数字符串左边指定长度的字符串，函数的语法结构如下：

Left（字符串,长度）

例如 Left（"ABCDEF"2），函数返回值为字符串"EF"。
Mid 函数的语法如下：Mid(字符串, 开始位置[,长度])，函数的功能是返回参数字符串中从指定的开始位置开始到字符串结尾的字符串，或者是返回参数字符串中从指定的开始位置开始，指定长度的字符串。例如：Mid("ABCDEF",2)返回值为"BCDEF"，

Mid("ABCDEF",2,2)返回值为"BC"。

LCase 和 UCase 函数是大小写转换函数，函数语法如下：函数名（字符串）。LCase 函数的功能是返回参数字符串的小写字符串，UCase 函数的功能是返回参数字符串的大写字符串。例如：Lcase("AbCdEf")返回字符串"abcdef"，Ucase("AbCdEf")返回字符串"ABCDEF"。

InStr 函数是字符串匹配函数，函数返回一个字符串在另一个字符串中第一次出现的位置，函数的语法格式如下：

InStr([开始位置,]字符串 1,字符串 2)

参数开始位置为数值表达式，用于设置每次搜索的开始位置，如果省略，将从第一个字符的位置开始搜索，字符串 1 为接受搜索的字符串表达式，字符串 2 为要搜索的字符串表达式，函数返回值见表 6-4。

表 6-4   函数返回值

情　况	返　回　值
字符串 1 为零长度	0
字符串 1 为 Null	Null
字符串 2 为零长度	开始位置，如果开始位置默认则为 1
字符串 2 为 Null	Null
字符串 2 没有找到	0
在字符串 1 中找到字符串 2	找到匹配字符串的位置

注意： 在 VBScript 中字符的位置是从 1 开始的。

例如：Instr(4,"ABCDEF","B")返回值为 0，Instr("ABCDEF","B")返回值为 2，Instr(1, "ABCDEF","B")返回值为 2。

（5）随机函数。VBScript 中产生一个随机数字使用随机函数 Rnd，该函数返回一个小于 1 但大于或等于 0 的值，但是，在调用 Rnd 库函数之前，需使用无参数的 Randomize 方法初始化随机数生成器，该生成器具有基于系统计时器的种子，如果缺少 Randomize，则无法继续生成随机种子，也就不能够产生随机数。下列程序的功能是利用随机函数产生随机背景颜色效果。

```
Randomize 'Randomize 产生随机种子
RndNum = Rnd() '将函数值赋变量 RndNum
RndNum   = Replace(RndNum , "." , "9")   '对变量 RndNum 中小数点符号转换为数字 9
RndNum   = Left(RndNum , 6)   '取变量中的左 6 位
……
<body bgcolor="#<% = RndNum %>">   <!--在 body 标签的背景属性中输出颜色代码值-->
……
```

上面的程序中使用 Rnd 函数产生的是小于 1 的数，所以程序还需要把小于 1 的小数处理成一个整数，然后取左边 6 位。如果要在指定范围内产生随机整数，那么可以使用以下公式：Int((UpperBound - LowerBound + 1) * Rnd + LowerBound)。

这里的 UpperBound 是指定范围的上界，LowerBound 是指定范围的下界，下面的语句将产生一个 60～100 的随机数：Num = Int((41 * Rnd) + 60)。

6.1.3　ASP 应用程序开发过程

在 ASP 环境中开发的 Web 应用程序文件中通常包含三部分内容，客户端脚本程序、HTML 和服务器端脚本程序，从而导致 Web 应用程序开发要比其他应用程序开发复杂得多，所以在开发过程中需要按照步骤写程序。在 ASP 环境中开发 Web 应用程序的一般步骤如下：

（1）按照 Web 应用程序界面的要求，通过 HTML 设计页面内容；

（2）书写客户端脚本程序，HTML 只能够完成静态内容的设计，如果涉及页面动态元素则需要书写客户端脚本程序，这在第 5 章已经详细讲解过；

（3）书写服务器端脚本程序。但是在实际开发过程中也不是完全按照上面的过程书写程序，因为在写服务器端脚本程序时，有可能要输出 HTML 和客户端脚本程序，所以在（3）中有可能还要涉及前面的内容。

6.2　Request 对象和 Response 对象

在客户端/服务器模式下执行 Web 应用程序，客户端和服务器之间的交互和信息传递就是通过 Request 和 Response 两个对象完成的。

6.2.1　Request 对象

Request 对象是 ASP 中常用的对象之一，用于获取客户端的信息，可以使用 Request 对象访问任何基于 HTTP 请求传递的所有信息，通过 Request 对象能够获得客户端发送给服务器的信息。

Request 的语法如下：

> Request[.集合|属性|方法](变量)

在实际应用程序开发过程中常用的对象集合如下。

1. Form

获取 HTTP 请求正文中的表单元素的值，其语法格式如下：

> Request.Form(元素名称字符串)[(索引)|.Count]

其中，元素名称字符串指定要获取值的表单元素的名称；索引是可选参数，使用该参数可以访问某参数中多个值中的一个，它可以是 1 到 Request.Form(parameter).Count 之间的任意整数；Count 参数也是可选参数，它指明集合中元素的个数。

Form 集合按请求正文中参数的名称来索引，Request.Form(元素名称字符串) 的值是请求正文中所有有相同名称元素的值的数组。通过调用 Request.Form(元素名称字符串).Count 来确定参数中值的个数。如果参数未关联多个值，则计数为 1。如果找不到参数，计数为 0。要引用有多个值的表单元素中的单个值，必须指定索引值。如果引用多个表单参数中的一个，而未指定 index 值，返回的数据将是以逗号分隔的字符串。

例如，用户通过指定几个值填写表单，对于 Hobby 参数，可以使用下面的脚本检索这些值。

```
<%
For Each i In Request.Form("hobby")
Response.Write(i & "< BR>")
Next
%>
```

在 For 循环语句中通过 Response 对象，把 Request 获得的用户在表单中输入或选择的元素内容逐个显示出来。

表单的 HTML 代码如下：

```
<form method="POST" action="">
<p>请填写你的爱好</p>
<p>
<input type="text" name="Hobby" size="20"><br>
<input type="checkbox" name="Hobby" value="足球">足球
<input type="checkbox" name="Hobby" value="乒乓球">乒乓球
</p>
<p>
<input type="submit" value="发送" name="B1">
<input type="reset" value="重填" name="B2">
</p>
</form>
```

通过 Form 集合的 Count 属性，还可以使用 For 循环语句完成上述功能，代码修改如下：

```
<%
For i = 1 To Request.Form("hobby").Count
Response.Write(Request.Form("Hobby")(i) & "<BR>")
Next
%>
```

该程序运行后的效果如图 6.11 所示。

图 6.11　Request 对象

2. QueryString

获取查询字符串中变量的值，HTTP 查询字符串由问号"?"后的值指定，例如：<A href=

"example.asp?para=sample">string sample</A>。

QueryString 集合的语法如下：

```
Request.QueryString(变量名字符串)[(索引)|.Count]
```

Request.QueryString(变量名字符串)的值是出现在查询字符串中所有参数的值的数组。通过调用 Request.QueryString(变量名字符串).Count 可以确定参数有多少个值。

使用集合 QueryString 也可以完成前面范例相同的功能，只需将集合 Form 替换，代码如下：

```
<%
For Each i In Request.QueryString("Hobby")
Response.Write i & "< BR>"
Next
%>
```

3．Cookie

Cookie 其实是一个标签，当访问一个需要唯一标识站址的 Web 站点时，它会在你的硬盘上留下一个标记，下一次访问同一个站点时，站点的页面会查找这个标记。每个 Web 站点都有自己的标记，标记的内容可以随时读取，但只能由该站点的页面完成。每个站点的 Cookie 与其他所有站点的 Cookie 存在同一文件夹中的不同文件内（Windows 目录下的 Cookie 文件夹中）。

Cookie 可以包含在一个对话期或几个对话期之间某个 Web 站点的所有页面共享的信息，使用 Cookie 还可以在页面之间交换信息。Request 提供的 Cookies 集合允许用户获取在 HTTP 请求中发送的 Cookie 的值。这项功能经常被使用在要求认证客户密码的论坛、Web 聊天室等 ASP 应用程序中，Cookie 集合的语法如下：

```
Request.Cookies(Cookie 名称)[(Key)|.Attribute]。
```

参数 Cookie 指定要检索其值的 Cookie 名称，Key 可选参数，用于从 Cookie 字典中获取子关键字的值，Attribute 属性指明 Cookie 自身的有关信息。

通过包含一个 Key 值来访问 Cookie 字典的子关键字。如果访问 Cookie 字典时未指定 Key，则所有关键字都会作为单个查询字符串返回。例如，如果 MyCookie 有两个关键字：First 和 Second，而在调用 Request.Cookies 时并未指定其中任何一个关键字，那么将返回字符串：First=firstkeyvalue&Second=secondkeyvalue。

如果服务器向客户端浏览器发送了两个同名的 Cookie，那么 Request.Cookie 将返回其中路径结构较深的一个。例如，如果有两个同名的 Cookie，但其中一个的路径属性为/www/，而另一个为/www/home/，客户端浏览器同时将两个 cookie 都发送到/www/home/ 目录中，那么 Request.Cookie 将只返回第二个 Cookie。

要确定某个 Cookie 是不是 Cookie 字典，可使用下列程序：

```
<%=Request.Cookies("myCookie").HasKeys %>
```

其中的等号等价于 Response.Write 方法。

下面是一个 Cookie 的应用实例：

```
<%
```

```
NickName = Request.Form("NickName")
Response.Cookies("NickName") = NickName
'用 Response 对象将用户名写入 Cookie 之中
Response.Write("欢迎 " & Request.Cookies("NickName") & " 光临！")
'输出 Cookies 集合中的 NickName 子关键字内容
%>
<form method="POST" action="">
<p>
<input type="text" name=" NickName" size="20">
<input type="submit" value="发送" name="B1">
<input type="reset" value="重填" name="B2">
</p>
</form>
```

该程序运行后的效果如图 6.12 所示。

图 6.12　Cookie 的使用

将用户名在起始页面上输入的姓名保存在 Cookie 中，后面的程序就可以调用 Cookie 中该用户的 NickName 信息。

4．ServerVariables

在浏览器中浏览网页时使用的传输协议是 HTTP，在 HTTP 的标题文件中会记录一些客户端的信息，例如客户端的 IP 地址等信息，有时服务器需要根据不同的客户端信息做出不同的响应，这时就需要用 ServerVariables 集合获取客户端的环境变量信息，其语法格式如下：

Request.ServerVariables(环境变量名称)。

常用的环境变量如下：

ALL_HTTP 获取客户端发送的所有 HTTP 标题文件；

CONTENT_LENGTH 获取客户端发送内容的长度；

CONTENT_TYPE 获取客户端发送内容的数据类型，如："text/html"；

LOCAL_ADDR 获取返回接受请求的服务器地址；

LOGON_USER 获取用户登录 Windows NT 的账号；

QUERY_STRING 获取 HTTP 请求中问号后的信息；

REMOTE_ADDR 获取发送请求的远程主机的 IP 地址；

REMOTE_HOST 获取发送请求的主机名称；

REQUEST_METHOD 获取客户端发送请求的方式，例如，HTTP 的 GET、POST 等方法；

SERVER_NAME 获取出现在自引用 URL 地址中的服务器主机名、DNS 化名 或 IP 地址；

SERVER_PORT 获取发送请求的端口号。

使用下面的程序可以打印出所有的服务器环境变量。

```
<TABLE>
<TR>
<TD><B>Server Variable</B></TD>
<TD><B>Value</B></TD>
</TR>
<% For Each Name In Request.ServerVariables %>
<TR>
<TD><% = name %></TD>
<TD><% = Request.ServerVariables(Name) %></TD>
</TR>
<% Next %>
</TABLE>
```

6.2.2　Response 对象

通过对 Request 对象的学习，可以了解到 Request 对象是用于服务器端获取客户端信息的，但是服务器和客户端需要进行交互，还需要服务器端向客户端发送信息， Response 对象就能完成此功能，常用的 Response 对象的方法如下：

1．Write 方法

其语法格式如下：

```
Response.Write(字符串)
```

Write 方法就是将指定的字符串写入当前的 HTTP 输出中，方法的参数为要输出的内容，可以用括号把参数括起来，也可以直接写在方法的后面。

```
Dim i,BRStr
i = 100
BRStr = "<br>"
Response.Write("数字 i 的值是" & i & BRStr)
Response.Write("Hello，World" & BRStr)
Randomize
Response.Write "随即数是" & Rnd() & BRStr
```

该程序运行后的效果如图 6.13 所示。

图 6.13　Response.Write 方法

上面程序首先输出一个字符串和一个整型数连接后的字符串内容,然后输出两个字符串连接后的字符串内容,最后输出一个字符串和一个随机数连接后的字符串内容。从上面的代码可以看出 Response.Write 方法的参数可以是数字、字符串或者是它们之间的连接字符串。

2．Response.End

此方法使 Web 服务器停止处理当前页面的脚本并返回当前结果，当前代码后面的内容将不被执行。

```
……
Response.Write Now()
Response.End    '程序执行显示到此结束
Randomize
Response.Write Rnd()
……
```

程序输出当前时间，后面的随机数输出不被执行,包括后面的 HTML 代码都不会输出到客户端。

3．Response.Clear

该方法主要用于清除缓存区中的所有 HTML 输出，但该方法只清除响应正文而不清除响应标题。该方法和 Response.End 方法相反，Response.End 是到此结束并且返回前面程序执行的结果，而 Response.Clear 却是清除上面的执行，然后只返回下面程序执行的结果。

```
Response.Write Now()
Response.Clear' 程序到此全被清除
Response.Write Rnd()
```

页面上只输出随机数字，前面输出的系统时间被清除掉了，通过下面的例子可以看出End 方法和 Clear 方法的区别。

```
<%
Dim UserName,PassWord
UserName = Request.Form("UserName")
PassWord = Request.Form("PassWord")
%>
<form method="POST" action="">
用户名：<input type="text" name="UserName"><br>
密码：<input type="PassWord" name=" PassWord "><br>
<input type="submit" value="提交">
</form>
<%
If UserName = "Test" and PassWord = "Test" Then
Response.Write "采用 clear 方法，前面程序的输出结果将清除。"
Response.Clear '清空存储在缓存中的页面

Else
Response.Write "采用 End 方法，下面的程序将停止运行。"
Response.End '立即停止脚本处理，并将缓存中的页面输出
End If
%>
```

程序执行时，如果用户输入的用户名和密码都是 Test 时，Clear 方法将清除前面的 HTML 代码输出和程序执行的结果，如果用户输入的用户名和密码不是 Test 时，程序将执行到 End 方法结束，前面的 HTML 代码输出和程序执行结果都将显示到页面中。

4. Response.Redirect（URL 地址）

Redirect 方法是让浏览器立即重定位到程序指定的 URL 地址，此方法立即执行，在方法后的其他脚本程序都将不再执行。执行语句 Response.Redirect("http://www.Project.com/") 的结果是终止现在程序的执行，页面调转到 http://www.Project.com。

下面讲解 Response 对象的属性。

（1）Response.ContentType

ContentType 属性指定服务器响应的 HTTP 内容类型，如果不指定 ContentType 属性，则默认为 text/html。下面是一些 ContentType 属性的设置。

```
Response.ContentType = "text/HTML"
Response.ContentType = "image/GIF"
Response.ContentType = "image/JPEG"
Response.ContentType = "text/plain"
Response.ContentType = "image/JPEG"
```

（2）Response.Charset

Charset 属性将字符集名称附加到 Response 对象中 Content Type 标题的后面，用来设置服务器响应给客户端的文件字符编码。

Response.charset="big5"语句的功能是采用中文显示，但采用 big5 繁体编码，所以页面中看到的是乱码。

代码里面使用 Response.ContentType 和 Response.charset 属性比较少，一般都是直接在 HTML 文档的 Head 头部属性里面添加属性。

（3）Response.Expires

该属性指定了在浏览器上缓冲存储的页距过期还有多少时间。如果用户在某个页过期之前又回到此页，就会显示缓存区中的页面。但若设置 Response.Expires=0，则可使缓存的页面立即过期。

```
Response.Expires = 0
Response.Expiresabsolute = Now() – 1
Response.AddHeader "pragma","no-cache"
Response.AddHeader "cache-control","private"
Response.CacheControl = "no-cache"
```

（4）Response.buffer

该属性指示是否将缓存页输出，当缓存页输出时，只有当前页的所有服务器脚本处理完毕或者调用了 Flush 或 End 方法后，服务器才将响应发送给客户端浏览器，服务器将输出发送给客户端浏览器后就不能再设置 Buffer 属性。因此必须在页面文件的第一行调用 Response.Buffer。

6.3　Session 对象和 Application 对象

6.3.1　Session 对象

使用 Session 对象存储特定的用户会话所需的信息，当用户在 Web 应用程序的页面之间跳转时，存储在 Session 对象中的变量不会清除，用户在当前 Web 应用程序中访问其他页面时，这些变量始终存在。当用户请求来自应用程序的 Web 页时，如果该用户还没有会话，则 Web 服务器将自动创建一个 Session 对象，当会话过期或被放弃后，服务器将终止该会话。

通过向客户程序发送唯一的 Cookie 可以管理服务器上的 Session 对象。当用户第一次请求 ASP 应用程序中的某个页面时，ASP 要检查 HTTP 头信息，查看是否在报文中有名为 ASPSESSIONID 的 Cookie 发送过来，如果有，则服务器会启动新的会话，并为该会话生成一个全局唯一的值，再把这个值作为新 ASPSESSIONID Cookie 的值发送给客户端，正是使用这种 Cookie，可以访问存储在服务器上的属于客户程序的信息。Session 对象最常见的作用就是存储用户的首选项。要注意的是，会话状态仅在支持 Cookie 的浏览器中保留，如果客户关闭了 Cookie 选项，Session 也就不能发挥作用了。Session 对象的常用属性和方法如下。

1．SessionID 属性

SessionID 属性返回用户的会话标识。在创建会话时，服务器会为每一个会话生成一个单独的标识。会话标识以长整型数据类型返回。在很多情况下 SessionID 可以用于 Web 页面注册统计。

2．TimeOut 属性

TimeOut 属性以分钟为单位为该应用程序的 Session 对象指定超时时限。如果用户在该超时时限之内不刷新或请求网页，则该会话将终止。

3．Abandon 方法

Session 对象只有一个方法，Abandon 方法删除所有存储在 Session 对象中的对象并释放这些对象的资源。如果未明确地调用 Abandon 方法，一旦会话超时，服务器将删除这些对象。

4．Contents 集合

> Session.Contents.Remove("变量名")，从 Session.Contents 集合中删除指定的变量
> Session.Contents.RemoveAll()：删除 Session.contents 集合中的所有变量

Abandon 方法和 RemoveAll 方法的区别是 Contents.RemoveAll()单纯释放 Session 变量的值而不终止当前的会话，而 Abandon()除了释放 Session 变量外还会终止会话触发 Session_OnEnd 事件。

5．Session 对象的 OnStart 事件和 OnEnd 事件。

如果要定义对象的 OnStart 和 OnEnd 事件，那么需要将代码写在 Global.asa 这个文件里，并且将该文件放在站点的根目录下。

OnStart 事件在服务器创建新会话时发生。服务器在执行请求的页之前先处理该脚本。OnStart 事件是设置会话期变量的最佳时机，因为在访问任何页之前都会先访问事件的处理脚本。

为了确保用户在打开某个特定的 Web 页时始终启动一个会话，就可以在 Session_OnStart 事

件处理函数中调用 Response.Redirect 方法。当用户进入应用程序时，服务器将为用户创建一个会话并处理 Session_OnStart 事件脚本。将脚本包含在该事件中就可以检查用户打开的页是不是启动页，如果不是，就指示用户调用 Response.Redirect 方法启动网页。程序如下：

```
Sub Session_OnStart
StartPage = "/MyApp/StartHere.asp"
CurrentPage = Request.ServerVariables("SCRIPT_NAME")
If StrComp(CurrentPage, StartPage,1) then
Response.Redirect(StartPage)
End if
End Sub
```

这样，对于每个请求服务器都将处理 Session_OnStart 脚本并将用户重定向到启动页中。Session_OnEnd 事件在会话被放弃或超时发生。

如果用户在指定时间内没有请求或刷新应用程序中的任何页，会话将自动结束。这段时间的默认值是 20 分钟。可以通过在 Internet 服务管理器中设置"应用程序选项"属性页中的"会话超时"属性改变应用程序的默认超时限制设置。如果希望浏览的 Web 应用程序的用户在每一页仅停留几分钟，就应该缩短会话的默认超时值。过长的会话超时值将导致打开的会话过多而耗尽服务器的内存资源。对于一个特定的会话，如果想设置一个小于默认超时值的超时值，可以设置 Session 对象的 Timeout 属性。

6.3.2　Application 对象

1．Application 对象的集合

Contents 集合：没有使用<OBJECT>元素定义的存储于 Application 对象中的所有变量的集合。

StaticObjects：使用<OBJECT>元素定义的存储于 Application 对象中的所有变量的集合。如果有如下赋值语句：

```
Application ("A") = "a"
Application ("B") = 128
Application ("C") = False
```

则有 Contents 集合

```
Application. Contents (1) = "a" '也可写为 Application. Contents ("A") = "a"
Application. Contents (2) = 128 '也可写为 Application. Contents ("B") = 128
Application. Contents (3) = False '也可写为 Application. Contents ("C") = False
```

一般都使用 Application.Contents("A")方式书写 Application 对象，因为这样更为直观，如果用序号来表示的话则要考虑赋值的先后顺序。

Count 属性为 Application 对象中存储的所有变量数，下列程序说明了 Count 属性的使用：

```
Dim i
For i = 1 to Application.Contents.Count
```

```
        Response.Write(Application.Contents(i) & "<br>")
Next
```

2. Application 的方法

Application.Contents.Remove("变量名")，从 Application.Contents 集合中删除指定的变量。

Application.Contents.RemoveAll()，把 Application.Contents 集合中的所有变量删除。

Application.Lock()，锁定 Application 对象，使得只有当前的 ASP 页对内容能进行访问。

Application.Unlock()，解除对 Application 对象的锁定。

下面程序演示了 Remove 和 RemoveAll 方法的使用：

```
Application("A") = "a"
Application ("B") = 128
Application ("C") = False
For i = 1 to Application.Contents.Count
        Response.Write(Application.Contents(i) & "<br>")
Next
Response.write "删除 b 之后：<br>"
Application.Contents.Remove("B")
For i = 1 to Application.Contents.Count
        Response.Write(Application.Contents(i) & "<br>")
Next
Response.write "删除全部之后：<br>"
Application.Contents.RemoveAll
For i = 1 to Application.Contents.Count
        Response.Write(Application.Contents(i) & "<br>")
Next
```

程序执行的结果如下：

```
a
128
False
删除 b 之后：
a
False
删除全部之后：
```

3. Application 对象事件

OnStart：第一个访问服务器的用户第一次访问某一页面时发生。

OnEnd：当最后一个用户的会话已经结束并且该会话的 OnEnd 事件所有代码已经执行完毕后发生，或最后一个用户访问服务器一段时间（一般为 20 分钟）后仍然没有人访问该服务器时发生。

6.3.3　Global.asa

每一个用户访问服务器时都会触发一个 OnStart 事件（第一个用户会同时触发 Application 和 Session 的 OnStart 事件，但 Application 先于 Session），每个用户的会话结束时都会触发一个 OnEnd 事件（最后一个访客会话结束时会同时触发 Application 和 Session 的 OnEnd 事件，但 Session 先于 Application）。

OnStart 和 OnEnd 这两个事件一般应用在统计在线人数、修改用户的在线/离线状态等。要具体定义这两个事件，需要将代码写在 Global.asa 文件，并将该文件放在站点的根目录下。此外，Application 和 Session 对象规定了在 OnEnd 事件里除了 Application 对象外其他 ASP 内置对象不能使用。

下列程序的功能就是统计在线人数，Global.asa 文件的内容如下：

```
<script LANGUAGE="VBScript" RUNAT="Server">
Sub Application_OnStart
Application("OnLine") = 0
End Sub
Sub Application_OnEnd
End Sub
Sub Session_OnStart
End Sub
Sub Session_OnEnd
If Session.Contents("Pass") then '判断是否为登录用户的 Session_OnEnd
Application.Lock
Application("OnLine") = Application("OnLine") - 1
Application.UnLock
End if
End Sub
</script>
```

登录页面的程序如下：

```
Dim UserName，PassWord
UserName = Request("UserName")
PassWord = Request("PassWord")
If UserName = "Test" And PassWord = "Test" then
Session("UserName ") = UserName
Session("PassWord ") = PassWord
Session("Pass") = True
Application.Lock
Application("OnLine") = Application ("OnLine") + 1
Application.UnLock
Else
Response.Write "用户名和密码错误！"
Response.End
```

```
End if
Response.Redirect "index.asp" '登录成功后调转到首页
```

用 Application("OnLine")变量记录已经登录的在线人数,因为一旦有用户访问服务器而不管用户是否登录,都会产生 OnStart 事件,所以不能在 OnStart 事件里增加访问在线人数。因为不管是否是登录用户的会话结束都会产生 OnEnd 事件,所以在 Session_OnEnd 事件里用了 If 语句来判断是否为已登录用户的 OnEnd 事件, 如果是才将在线人数减少。

OnEnd 事件里的语句 If Session.Contents("Pass") then, 如果把其中的 Session.Contents("Pass") 写成 Session("Pass"),系统不会提示错误,但是不会执行条件判断里面的语句,这是因为在 OnEnd 事件里禁止使用 Session 对象,但是可以用 Session 对象的 Contents 集合来调用 Session 变量的值。

6.4　Server 对象和数据库连接

6.4.1　Server 对象

Server 对象提供对服务器上的方法和属性的访问。其中大多数方法和属性是作为实用程序的功能服务的。

1. ScriptTimeout 属性

此属性指定脚本在结束前最长可运行多长时间,默认值为 90 秒。当处理服务器程序时,超时限制将不再生效。

执行代码"Server.ScriptTimeout = 100"后, 则说明如果服务器处理脚本超过 100 秒,将返回脚本超时错误。

2. CreateObject 方法

此方法创建服务器组件的实例, 如果该组件执行了 OnStartPage 和 OnEndPage 方法,则此时就会调用 OnStartPage 方法。

CreateObject 方法的语法如下:

> Server.CreateObject（progID）

默认情况下, 由此方法创建的对象具有页作用域, 也就是说, 在当前 ASP 页处理完成之后, 服务器将自动销毁创建的这些对象。

3. HTMLEncode 方法

此方法对指定的字符串应用 HTML 编码, 其语法如下:

> Server.HTMLEncode（字符串）

语句 Response.Write(Server.HTMLEncode（"The paragraph tag: <P>"）)的执行结果是输出字符串"The paragraph tag: <P> "。

注意以上输出将被 Web 浏览器显示为"The paragraph tag: <P>", 但是通过查看源文件或以文本方式打开一个 Web 页, 就可以看到已编码的 HTML。

4．URLEncode 方法

此方法将 URL 地址编码输出，其语法如下：

Server.URLEncode（URL 地址）

语句 Response.Write（Server.URLEncode（"http://www.Project.com"））的输出结果是 http%3A%2F%2Fwww%2EProject%2Ecom。

5．MapPath 方法

MapPath 方法将指定的相对或绝对虚拟路径映射到服务器上相应的物理目录上，其语法如下：

Server.MapPath（要映射物理目录的相对或虚拟路径）

若 Path 以一个正斜杠（/）或反斜杠（\）开始，则 MapPath 方法返回路径时将 Path 视为完整的虚拟路径。若 Path 不是以斜杠开始，则 MapPath 方法返回同 ASP 文件中已有的路径相对的路径。

注意 MapPath 方法不检查返回的路径是否正确或在服务器上是否存在。因为 MapPath 方法只映射路径而不管指定的目录是否存在，所以，可以先用 MapPath 方法映射物理目录结构的路径，然后将其传递给在服务器上创建指定目录或文件的组件。

如果 IIS 的主目录设置为 C:\Web 目录，那么下列程序的执行结果如下：

```
Response.Write(Server.Mappath（"Data.txt"）& "<br>")
Response.Write(Server.mappath（"Script/Data.asp"））
```

输出结果是

```
C:\Web\Data.txt
C:\Web\Script\Data.asp
```

下面两个语句使用斜杠字符指定返回的路径应被视为在服务器的完整虚拟路径。

```
Response.Write(Server.Mappath（"/Script/Data.txt"）& "<br>)
Response.Write(Server.mappath（"\Script"））
```

输出的结果是

```
C:\Web\Script\data.txt
C:\Web\Script
```

如果使用正斜杠（/）或反斜杠（\）则返回 IIS 的主目录的物理路径。

```
Response.Write(Server.Mappath（"/"））
Response.Write(Server.mappath（"\"））
```

输出的结果是

```
C:\Web
C:\Web
```

6.4.2　数据库操作

ASP 中连接数据库的方式有多种，使用比较多的就是通过 ADO 连接数据库。操作数据库的步骤如下：

1. 通过 Server.CreateObject 方法创建 ADODB.Connection 数据库连接对象

使用的代码如下：

```
Dim Conn
Set Conn = Server.CreateObject("ADODB.Connection")
```

2. 定义数据库连接字符串

如果连接的是 Access 数据库，那么连接字符串中需要指明如下参数：

Provider，OLE DB 提供程序(Microsoft.Jet.OLEDB.4.0)；

Data Source，数据库文件的物理路径；

User ID，用户名，默认的用户名为 admin；

Password，密码，默认密码为空。

如果连接的是 SQL Server 数据库，那么连接字符串需要指明如下参数：

Provider，OLE DB 提供程序（SQLOLEDB）；

Data Source，连接数据库的位置（服务器名）；

Initial Catalog，连接的数据库；

Usr ID 或者 UID，用户名；

Password 或者 PWD，密码；

Integrated Security，集成安全性验证。

3. 通过连接对象的 Open 方法打开连接字符串

使用的代码如下：

```
Conn.Open ConnStr。
```

4. 定义 SQL 执行语句，通过连接对象 Conn 执行 SQL 语句

（1）连接 Access 数据库。

```
Dim Conn,ConnStr,DBPath
DBPath = "DB.mdb"
On Error Resume Next
ConnStr = "DBQ=" + Server.Mappath(DBPath) + ";DefaultDir=;DRIVER={Microsoft Access Driver
(*.mdb)};"
Set Conn = Server.CreateObject("ADODB.CONNECTION")
Conn.Open ConnStr
If Err Then
Err.Clear
    Response.Write("数据库连接失败")
Else
    Response.Write("数据库连接成功")
```

```
Conn.Close
Set Conn = Nothing
End If
```

（2）连接 SQL Server 数据库。

```
Dim Conn，ConnStr
On Error Resume Next
Set Conn = Server.CreateObject("ADODB.CONNECTION")
ConnStr = "Driver={Sql Server};Server=(local);UID=sa;PWD=;Database=Test"
Conn.Open ConnStr
If Err Then
Err.Clear
    Response.Write("数据库连接失败")
Else
    Response.Write("数据库连接成功")
Conn.Close
Set Conn = Nothing
End If
```

（3）常用的数据库操作，具体内容如下。

① 使用 Select 语句查询数据记录。

基本语法如下：

```
Select 字段列表 From 数据库表 Where 查询条件
```

Select * From Book Where Author='Test'语句的功能是从 Book 表中找出作者为"Test"的所有记录。

"*"是取出数据库表中的所有的字段，查询条件中，如果条件字段值为数字，则其后的值不用加上单引号，如果是日期，则在 Access 中用(#)包括，而在 SQL server 中则用单引号(')包括。

```
Select * From Book Where id=1
Select * From Book Where pub_date=#2002-1-7# (Access)
Select * From Book Where pub_date='2002-1-7' (SQL Server)
```

② 使用 Insert 语句添加数据库记录。

基本语法如下：

```
Insert Into 数据库表(字段 1,字段 2,……) Values (值 1,值 2,……)
```

添加一行作者为"Test"的记录到 book 表里面的 SQL 语句如下：Insert Into Book (BookNO,Author,BookName) Values ('0001', 'Test', 'Web 应用程序开发')。下面程序演示了保存数据到数据库中的功能。

```
Dim BookNO, Author, BookName,SQL
BookNO = Request.Form("BookNO")
Author = Request.Form("Author")
```

```
BookName = Request.Form("BookName")
SQL = "insert into book(BookNO, Author, BookName) Values ('"& BookNO & "','" & Author &
"','" & BookName & "')"
Conn.Execute(SQL)
```

③ 使用 Recordset 对象的 Addnew 方法插入数据，代码如下：

```
Dim Conn,RS,SQL
……
SQL = "查询空记录集的 SQL 语句"
Set RS = Server.CreateObject("ADODB.CONNECTION")
RS.AddNew
RS ("field1").value = 值 1
RS ("field2").value = 值 2
……
RS.Update
RS.Close
Set RS = Nothing
```

④ 使用 Update 语句修改数据记录，代码如下：

```
Dim Conn,SQL
……
SQL = "update 数据库表 set 字段 1=值 1,字段 2=值 2,…… where 查询条件"
Conn.Execute(SQL)
……
```

⑤ 使用 Recordset 对象的 Update 方法修改数据，代码如下：

```
Dim Conn,RS,SQL
……
SQL = "查询要修改的数据库记录的 SQL 语句"
Set RS = Server.CreateObject("ADODB.CONNECTION")
RS ("field1").value = 值 1
RS ("field2").value = 值 2
……
RS.Update
RS.Close
Set RS = Nothing
```

⑥ 使用 Delete 语句删除一条数据库记录，代码如下：

```
Dim Conn,SQL
……
SQL = " Delete 数据库表 where 查询条件"
Conn.Execute(SQL)
……
```

本 章 小 结

在 ASP 环境下，服务器段的脚本程序采用 VBScript 脚本语言。VBScript 脚本语言是一种解释性语言，在服务器上执行是通过 Web 服务器解释执行的，所以程序的执行效率低。VBScript 脚本语言的语法复杂，逻辑性差，导致编写程序比较困难。在使用 VBScript 编写服务器端程序时，需要注意以下几点：

（1）VBScript 脚本语言不区分大小写，所以容易引起混淆变量。

（2）VBScript 脚本语言中默认是不强制定义变量，但是这样很容易导致变量混乱，所以在每一个页面文件的最上面，最好加上强制定义变量语句：Option Explicit。

（3）VBScript 脚本中，一般变量赋值只需要使用赋值运算符 "="，但是如果是对象赋值的话，必须在语句前面加上 Set 关键字，否则执行时会出现 "缺少对象" 的错误。

（4）和客户端脚本程序一样，服务器端脚本程序也和 HTML 标记混在一起，如果还有客户端脚本程序，那么一个动态的 Web 页面文件中就包含了三部分内容，所以要注意区分哪些程序是在客户端执行，哪些程序是在服务器端执行。

（5）在编写客户端脚本程序时，没有程序跟踪器跟踪程序的运行，所以在遇到程序有逻辑错误的时候，指能够使用 Response 对象的 Write 方法输出某个变量的值，同时还可以在 Write 方法后加上 End 方法，便于查看 Write 方法输出的变量值。

习 题 6

一、选择题

1. 下面哪种语言不是被浏览器执行的（　　）。

　　A. HTML　　　　　　　B. JavaScript　　　　　C. VBScript　　　　　D. ASP

2. 相对 JSP 和 PHP，以下是 ASP 优点的是（　　）。

　　A. 全面支持面向对象程序设计　　　B. 执行效率高

　　C. 简单容易　　　　　　　　　　　D. 多平台支持

3. A 同学使用 ADSL 拨号上网，访问新浪网站，（　　）是服务器端。

　　A. A 同学的计算机　　　　　　　　　　B. 拨号网络服务器

　　C. 新浪网站所在的计算机　　　　　　　D. 没有服务器

4. 下面关于 VBScript 的命名规则的说法中，不正确的是（　　）。

　　A. 第一个字符必须是数字或字母　　　B. 长度不能超过 255 个字符

　　C. 名字不能和关键字同名　　　　　　D. 在声明时不能声明两次

5. 使用（　　）语句可以立即从 Sub 过程中退出。

　　A. Exit Sub　　　B. Exit　　　　　　　C.</Sub>　　　D.Loop

6. 下列判断程序运行完毕后，x, y, z 值分别为（　　）。

```
x = "11" + 1
y = "11" & 1
```

```
z = "11" + "1"
```

    A．111 111 111　　　　B．12 111 12　　　　C．12 111 111　　　　D．12 12 12

7．下列哪一个函数可以将数值型转换为字符串（　　　）。

    A．Cdate　　　　　　B．Cint　　　　　　C．CStr　　　　　　D．CDbl

8．语句"mid("1234567890", 3, 3)"的返回值是（　　　）。

    A．345　　　　　　　B．234　　　　　　C．456　　　　　　D．7890

9．下面语句的执行结果是（　　　）。

```
Response.Write("Web 应用程序")
Response.End()
Response.Write("开发")
```

    A．Web 应用程序开发　　　　　　　　B．Web 应用程序
    C．开发　　　　　　　　　　　　　　D．语法错误

10．Request.Form 读取的数据是（　　　）。

    A．以 Post 方式发送的数据　　　　　　B．以 Get 方式发送的数据
    C．超级链接后面的数据　　　　　　　　D．以上都不对

11．Session 对象默认有效期为（　　　）分钟。

    A．10　　　　　　　B．20　　　　　　C．30　　　D．60

12．Application 对象的默认有效期是（　　　）分钟。

A．10　　B．20　　　　C．30　　　　D．从第一个用户访问网站的第一个页面到终止

二、填空题

1．可以在客户端解释执行的内容有＿＿＿＿＿＿＿＿＿＿、CSS、＿＿＿＿＿＿＿＿＿＿＿和＿＿＿＿＿＿＿＿＿＿。

2．ASP 可以使用两种脚本语言：＿＿＿＿＿＿＿＿＿＿和＿＿＿＿＿＿＿＿＿＿。

3．ASP 的内置对象有＿＿＿＿＿＿＿＿＿＿、＿＿＿＿＿＿＿＿＿＿、＿＿＿＿＿＿＿＿＿＿、＿＿＿＿＿＿＿＿＿＿和＿＿＿＿＿＿＿＿＿＿。

4．Request.Form 和 Request.QueryString 对应的是 Form 提交时的两种不同提交方法：＿＿＿＿＿＿＿＿＿＿。方法和＿＿＿＿＿＿＿＿＿＿方法。

5．Application 对象提供两个事件：Application 对象开始的时候，调用＿＿＿＿＿＿＿＿＿＿事件；Application 对象结束时，调用＿＿＿＿＿＿＿＿＿＿事件。

6．如果希望修改 Session 的生存期，可以采用＿＿＿＿＿＿＿＿＿＿方法和＿＿＿＿＿＿＿＿＿＿方法。

7．Server.MapPath("/")语句或者＿＿＿＿＿＿＿＿＿＿语句可以获得的是网站的根目录。

实 训 题 目

1．编写程序计算 112+ 122+132+…+232 的值。

2．编写程序实现在网页中显示时间，并给出问候语：上午好、下午好和晚上好。

3．编写函数返回 x 的 y 次方，函数原形：Function Cal(x,y)。

第 7 章 ASP.NET 程序设计

.NET 是微软公司提供的一系列产品的总称，ASP.NET 是运用在 B/S 模式下的编程环境，它和前面章节讲的 ASP 在工作原理上基本相同。首先，有一个 HTTP 请求发送到 Web 服务器，要求访问一个 Web 网页，Web 服务器通过分析客户的 HTTP 请求来找到指定的网页。ASP.Net 编程环境可以采用 VB 语言编写，也可以采用 C#语言编写，由于 C#语法简练，编程效率高，所以 C#使用比较普遍。

7.1 ASP.NET 的基本语法

7.1.1 ASP.NET 指令

ASP.NET 指令在每个 ASP.NET 页面中都有，使用指令可以控制 ASP.NET 页面的行为，在 ASP.NET 页面或用户控件中共有 11 个指令。这些指令都是编译器编译页面时使用的命令，指令的格式如下：

```
<%@ [Directive] [Attribute=Value] %>
```

在上面的代码行中，指令以<%@开头，以%>结束。通常把指令放在页面或控件的顶部，但如果指令位于其他地方，页面仍能正常编译。当然，也可以把多个属性添加到指令语句中，格式如下：

```
<%@ [Directive] [Attribute=Value] [Attribute=Value] %>
```

表 7-1 列出了 ASP.NET 2.0 中的指令。

表 7-1 ASP.NET 2.0 中的指令

指　令	说　　明
Assembly	把程序集链接到与它相关的页面或用户控件上
Control	用户控件（.ascx）使用的指令，其含义与 Page 指令相当
Implements	实现指定的.NET Framework 接口
Import	在页面或用户控件中导入指定的命名空间
Master	允许指定 master 页面——在解析或编译页面时使用的特定属性和值。这个指令只能与 master 页面（.master）一起使用
MasterType	把类名与页面关联起来，获得包含在特定 master 页面中的强类型化的引用或成员
OutputCache	控制页面或用户控件的输出高速缓存策略
Page	允许指定在解析或编译页面时使用的页面特定属性和值。这个指令只能与 ASP.NET 页面（.aspx）一起使用
PreviousPageType	允许 ASP.NET 页面处理应用程序中另一个页面的回送信息
Reference	把页面或用户控件链接到当前的页面或用户控件上
Register	给命名空间和类名关联上别名，作为定制服务器控件语法中的记号

下面详细讲解每个指令。

1．Page 指令

Page 指令允许为 ASP.NET 页面指定解析和编译页面时使用的属性和值，这是最常用的指令。表 7-2 列出了 Page 指令的可用属性。

表 7-2　Page 指令可用属性表

属　性	说　　明
AspCompat	若其值为 True，就允许页面在单线程的单元中执行，这个属性的默认设置是 False
Async	指定 ASP.NET 页面是同步或异步处理
AutoEventWireUp	设置为 True 时，指定页面事件自动触发。这个属性的默认设置是 True
Buffer	设置为 True 时，支持 HTTP 响应缓存。这个属性的默认设置是 True
ClassName	指定编译页面时绑定到页面上的类名
CodeFile	引用与页面相关的后台编码文件
CodePage	指定响应的代码页面值
CompilerOptions	编译器字符串，指定页面的编译选项
CompileWith	包含一个 String 值，指向所使用的后台编码文件
ContentType	把响应的 HTTP 内容类型定义为标准 MIME 类型
Culture	指定页面的文化设置。ASP.NET 2.0 允许把 Culture 属性的值设置为 Auto ，支持自动检测需要的文化
Debug	设置为 True 时，用调试符号编译页面
Description	提供页面的文本描述。ASP.NET 解析器忽略这个属性及其值
EnableSessionState	设置为 True 时，支持页面的会话状态，其默认设置是 True
EnableTheming	设置为 True 时，页面可以使用主题。其默认设置是 False
EnableViewState	设置为 True 时，在页面中维护视图状态，其默认设置是 True
EnableViewStateMac	设置为 True 时，当用户发送页面时，页面会在视图状态上进行机器范围内的身份验证，其默认设置是 False
ErrorPage	为所有未处理的页面异常指定用于发送信息的 URL
Explicit	设置为 True 时，支持 Visual Basic 的 Explicit 选项。其默认设置是 False
Language	定义内置显示和脚本块所使用的语言
LCID	为 Web Form 的页面定义本地标识符
LinePragmas	Boolean 值，指定得到的程序集是否使用行附注
MasterPageFile	带一个 String 值，指向页面所使用的 master 页面的地址。这个属性在内容页面中使用
MaintainScrollPositionOn Postback	带一个 Boolean 值，表示在发送页面时，页面是位于相同的滚动位置上，还是在最高的位置上重新生成页面
PersonalizationProvider	带一个 String 值，指定把个性化信息应用于页面时所使用的个性化提供程序名
ResponseEncoding	指定页面内容的响应编码

续表

属　　性	说　　明
SmartNavigation	指定是否为功能更丰富的浏览器激活 ASP.NET 智能导航功能。它把回送信息返回到页面的当前位置，其默认值是 False
Src	指向类的源文件，用于所显示页面的后台编码
Strict	设置为 True 时，使用 Visual Basic Strict 模式编译页面，其默认值是 False
Theme	使用 ASP.NET 2.0 的主题功能，把指定的主题应用于页面
Title	应用页面的标题。这个属性主要用于必须应用页面标题的内容页面，而不是应用 master 页面中指定内容的页面
Trace	设置为 True 时，激活页面跟踪，其默认值是 False
TraceMode	指定激活跟踪功能时如何显示跟踪消息。这个属性的设置可以是 SortByTime 或 SortByCategory，默认设置是 SortByTime
Transaction	指定页面上是否支持事务处理。这个属性的设置可以是 NotSupported、Supported、Required 和 RequiresNew，默认设置是 NotSupported
UICulture	UICulture 属性的值指定 ASP.NET 页面使用什么 UICulture。ASP.NET 2.0 允许给 UICulture 属性使用 Auto 值，支持自动检测 UICulture
ValidateRequest	设置为 True 时，根据一组潜在危险的值检查窗体输入值，帮助防止 Web 应用程序受到有害的攻击，例如 JavaScript 攻击。默认值是 True
WarningLevel	指定停止编译页面时的编译警告级别，其值可以是 0~4

2．Control 指令

　　Control 指令类似于 Page 指令，但 Control 指令是在建立 ASP.NET 用户控件时使用的，Control 指令允许定义用户控件要继承的属性。这些属性值会在解析和编译页面时赋予用户控件。Control 指令的可用属性比 Page 指令少，但其中有许多都可以在建立用户控件时进行修改，表 7-3 详细介绍了这些可用属性。注意，Control 指令只用于 ASP.NET 用户控件。

表 7-3　Control 指令可用属性表

属　　性	说　　明
AutoEventWireUp	设置为 True 时，指定用户控件的事件是否自动触发。默认设置为 True
ClassName	指定编译页面时绑定到用户控件上的类名
CodeFile	引用与用户控件相关的后台编码文件
CompilerOptions	编译字符串，表示用户控件的编译选项
CompileWith	带一个 String 值，指向用于用户控件的后台编码文件
Debug	设置为 True 时，用调试符号编译用户控件
Description	提供用户控件的文本描述。ASP.NET 解析器会忽略这个属性及其值
EnableTheming	设置为 True 时，表示用户控件可以使用主题功能。其默认设置是 False
EnableViewState	设置为 True 时，维护用户控件的视图状态。其默认设置是 True

属　　性	说　　明
Explicit	设置为 True 时，表示激活 Visual Basic Explicit 选项。其默认设置是 False
Inherits	指定用户控件要继承的 CodeBehind 类
Language	定义内置显示和脚本块使用的语言
LinePragmas	Boolean 值，指定得到的程序集是否使用行附注
Src	指向类的源文件，用于要显示的用户控件的后台编码
Strict	设置为 True 时，使用 Visual Basic Strict 模式编译用户控件。其默认设置是 False
WarningLevel	指定停止编译页面时的编译警告级别，其值可以是 0~4

3．Import 指令

Import 指令允许指定要导入 ASP.NET 页面或用户控件中的命名空间。导入了命名空间后，该命名空间中的所有类和接口就可以在页面和用户控件中使用了。这个指令只支持一个属性 Namespace。

Namespace 属性带一个 String 值，它指定要导入的命名空间。一条 Import 指令不能包含多个命名空间。所以，必须把多个命名空间导入指令放在多行代码上，如下所示：

```
<%@ Import Namespace="System.Data" %>
<%@ Import Namespace="System.Data.SqlClient" %>
```

4．Implements 指令

Implements 指令允许 ASP.NET 页面实现特定的.NET Framework 接口。这个指令只支持一个 Interface 属性。

Interface 属性直接指定了.NET Framework 接口。ASP.NET 页面或用户控件实现一个接口时，就可以直接访问其中的所有事件、方法和属性。下面是 Implements 指令的一个例子：

```
<%@ Implements Interface="System.Web.UI.IValidator" %>
```

5．Register 指令

Register 指令把别名与命名空间和类名关联起来，作为定制服务器控件语法中的记号。把一个用户控件拖放到 aspx 页面上时，就使用了@Register 指令。把用户控件拖放到 aspx 页面上，Visual Studio 2005 就会在页面的顶部创建一个 Register 指令。这样就在页面上注册了用户控件，该控件就可以通过特定的名称在 aspx 页面上访问了。

Register 指令支持 5 个属性，见表 7-4。

表 7-4　Register 指令属性表

属　　性	说　　明
Assembly	与 TagPrefix 关联的程序集
Namespace	与 TagPrefix 关联的命名空间
Src	用户控件的位置
TagName	与类名关联的别名
TagPrefix	与命名空间关联的别名

下面是使用@Register 指令把用户控件导入 ASP.NET 页面的一个例子：

```
<%@ Register TagPrefix="MyTag" Namespace="MyName:MyNamespace" Assembly="MyAssembly"
%>
```

6. Assembly

Assembly 指令在编译时把程序集（.NET 应用程序的构建块）关联到 ASP.NET 页面或用户控件上，使该程序集中的所有类和接口都可用于页面。这个指令支持两个属性：Name 和 Src。

Name：允许指定用于关联页面文件的程序集名称。程序集名称应只包含文件名，不包含文件的扩展名。例如，如果文件是 MyAssembly.vb，Name 属性值应是 MyAssembly。

Src：允许指定编译时使用的程序集文件源。

下面是使用@Assembly 指令的一些例子：

```
<%@ Assembly Name="MyAssembly" %>
<%@ Assembly Src="MyAssembly.vb" %>
```

7. PreviousPageType 指令

这个指令用于指定跨页面的传送过程起始于哪个页面，PreviousPageType 指令是一个新指令，用于处理 ASP.NET 2.0 提供的跨页面传送新功能。这个简单的指令只包含两个属性：TypeName 和 VirtualPath。

TypeName：设置回送时的派生类名。

VirtualPath：设置回送时所传送页面的地址。

8. MasterType

MasterType 指令把一个类名关联到 ASP.NET 页面上，以获得特定 master 页面中包含的强类型化引用或成员。这个指令支持以下两个属性。

TypeName：设置从中获得强类型化的引用或成员的派生类名。

VirtualPath：设置从中检索这些强类型化的引用或成员的页面地址。

下面是 MasterType 指令的一个例子：

```
<%@ MasterType VirtualPath="~/Wrox.master" %>
```

9. OutputCache

OutputCache 指令控制 ASP.NET 页面或用户控件的输出高速缓存策略，这个指令支持 10 个属性，见表 7-5。

表 7-5　OutputCache 指令属性表

属　　性	说　　明
CacheProfile	允许使用集中式方法管理应用程序的高速缓存配置。使用 CacheProfile 属性可指定在 web.config 文件中详细说明的高速缓存配置名
DiskCacheable	指定高速缓存是否能存储在磁盘上
Duration	ASP.NET 页面或用户控件高速缓存的持续时间，单位是秒

属　　性	说　　明
Location	位置枚举值，默认为 Any。它只对.aspx 页面有效，不能用于用户控件（.ascx）。其他值有 Client、Downstream、None、Server 和 ServerAndClient
NoStore	指定是否随页面发送没有存储的标题
SqlDependency	支持页面使用 SQL Server 高速缓存失效功能，这是 ASP.NET 2.0 的一个新功能
VaryByControl	用分号分隔开的字符串列表，用于改变用户控件的输出高速缓存
VaryByCustom	一个字符串，指定定制的输出高速缓存需求
VaryByHeader	用分号分隔开的 HTTP 标题列表，用于改变输出高速缓存
VaryByParam	用分号分隔开的字符串列表，用于改变输出高速缓存

下面是使用@OutputCache 指令的一个例子：

```
<%@ OutputCache Duration="180" VaryByParam="None" %>
```

其中，Duration 属性指定这个页面存储在系统高速缓存中的时间（秒）。

10. Reference 指令

Reference 指令声明，另一个 ASP.NET 页面或用户控件应与当前活动的页面或控件一起编译，这个指令支持以下两个属性。

TypeName：设置从中引用活动页面的派生类名。

VirtualPath：设置从中引用活动页面的页面或用户控件地址。

下面是使用@Reference 指令的一个例子：

```
<%@ Reference VirtualPath="~/MyControl.ascx" %>
```

11. Master

Master 指令非常类似于 Page 指令，但 Master 指令用于 master 页面。在使用 Master 指令时，要指定和站点上的内容页面一起使用的模板页面的属性。内容页面可以继承 master 页面上的所有 master 内容。Master 指令的可用属性见表 7-6。

表 7-6　Master 指令属性表

属　　性	说　　明
AutoEventWireUp	设置为 True 时，指定 master 页面的事件是否自动触发。默认设置为 True
ClassName	指定编译页面时绑定到 master 页面上的类名
CodeFile	引用与页面相关的后台编码文件
CompilerOptions	编译字符串，表示 master 页面的编译选项
CompileWith	带一个 String 值，指向用于 master 页面的后台编码文件
Debug	设置为 True 时，用调试符号编译 master 页面
Description	提供 master 页面的文本描述。ASP.NET 解析器会忽略这个属性及其值
EnableTheming	设置为 True 时，表示 master 页面可以使用主题功能。其默认设置为 False
EnableViewState	设置为 True 时，维护 master 页面的视图状态。其默认设置为 True

续表

属　　性	说　　明
Explicit	设置为 True 时，表示激活 Visual Basic Explicit 选项。其默认设置为 False
Inherits	指定 master 页面要继承的 CodeBehind 类
Language	定义内置显示和脚本块使用的语言
LinePragmas	Boolean 值，指定得到的程序集是否使用行附注
MasterPageFile	带一个 String 值，指向 master 页面所使用的 master 页面的地址。master 页面可以使用另一个 master 页面，创建嵌套的 master 页面
Src	指向类的源文件，用于要显示的 master 页面的后台编码
Strict	设置为 True 时，使用 Visual Basic Strict 模式编译 master 页面。其默认设置为 False
WarningLevel	指定停止编译页面时的编译警告级别，其值可以是 0～4

下面是使用@Master 指令的一个例子：

```
<%@   Master   Language="VB"   CodeFile="MasterPage1.master.vb"   AutoEventWireup="false"
Inherits=" MasterPage" %>
```

7.1.2　Web.config 配置信息

Web.config 文件是一个 XML 文本文件，它用于储存 ASP.NET Web 应用程序的配置信息，它可以出现在应用程序的每一个目录中，可以提供除从父目录继承的配置信息以外的配置信息，也可以重写或修改父目录中定义的设置。

除<processModel>节点之外，在运行时对 Web.config 文件的修改不需要重启服务就可以生效，当然 Web.config 文件是可以扩展的，也可以自定义新配置参数并编写配置节点处理程序以对它们进行处理。

1．Web.config 配置文件结构

一般情况下，Web.config 配置文件的所有内容都应该位于<configuration> 节点和<system.web>之间。

1）<authentication>节点

此节点的作用是配置 ASP.NET 身份验证支持（为 Windows、Forms、PassPort、None），该元素只能在计算机、站点或应用程序级别声明。

<authentication>元素必须与<authorization>节点配合使用。例如为基于窗体（Forms）的身份验证配置站点，当没有登录的用户访问需要身份验证的网页时，网页会自动跳转到登录网页。

```
<authentication mode="Forms" >
<forms loginUrl="logon.aspx" name=".FormsAuthCookie"/>
</authentication>
```

其中，元素 loginUrl 表示登录网页的名称，name 表示 Cookie 名称。

2）<authorization>节点

此节点的作用是控制对 URL 资源的客户端访问（如允许匿名用户访问）。此元素可以

在任何级别（计算机、站点、应用程序、子目录或页）上声明，但必须与<authentication>节点配合使用。例如禁止匿名用户的访问。

```
<authorization>
<deny users="?"/>
</authorization>
```

注意：可以使用 user.identity.name 来获取已经过验证的当前的用户名；可以使用 web.Security.FormsAuthentication.RedirectFromLoginPage 方法将已验证的用户重定向到用户刚才请求的页面。

3）<compilation>节点

此节点的作用是配置 ASP.NET 使用的所有编译设置，默认的 debug 属性为"True"，在程序编译完成交付使用之后应将其设为 True。

4）<customErrors>节点

此节点的作用是为 ASP.NET 应用程序提供有关自定义错误信息，它不适用于 XML Web services 中发生的错误。例如当发生错误时，将网页跳转到自定义的错误页面。

```
<customErrors defaultRedirect="ErrorPage.aspx" mode="RemoteOnly">
</customErrors>
```

其中，元素 defaultRedirect 表示自定义的错误网页的名称，mode 元素表示对不在本地 Web 服务器上运行的用户显示自定义的友好信息。

5）<httpRuntime>节点

此节点的作用是配置 ASP.NET HTTP 运行库设置，该节点可以在计算机、站点、应用程序和子目录级别声明。例如，控制用户上传文件最大为 4MB，最长时间为 60 秒，最多请求数为 100。

```
<httpRuntime maxRequestLength="4096" executi appRequestQueueLimit="100"/>
```

6）<pages>节点

此节点的作用是标识特定于页的配置设置（如是否启用会话状态、视图状态，是否检测用户的输入等）。<pages>可以在计算机、站点、应用程序和子目录级别声明。例如不检测用户在浏览器输入的内容中是否存在潜在的危险数据（注：该项默认是检测，如果你使用了不检测，则要对用户的输入进行编码或验证），在从客户端回发页面时将检查加密的视图状态，以验证视图状态是否已在客户端被篡改。

```
<pages buffer="true" enableViewStateMac="true" validateRequest="false"/>
```

7）<sessionState>节点

此节点的作用是为当前应用程序配置会话状态设置（如设置是否启用会话状态，会话状态保存位置）。

```
<sessionState mode="InProc" cookieless="true" timeout="20"/>
</sessionState>
```

　　mode="InProc"表示在本地储存会话状态（也可以选择储存在远程服务器或 SAL 服务器中或不启用会话状态，cookieless="true"表示如果用户浏览器不支持 Cookie 时启用会话状态（默认为 False），timeout="20"表示会话可以处于空闲状态的分钟数。

　　8）<trace>节点

　　此节点的作用是配置 ASP.NET 跟踪服务，主要用来程序测试判断哪里出错，Web.config 中的<trace>节点的默认配置如下：

```
<trace enabled="false" requestLimit="10" pageOutput="false" traceMode="SortByTime" localOnly="true" />
```

　　enabled="false"表示不启用跟踪，requestLimit="10"表示指定在服务器上存储的跟踪请求的数目，pageOutput="false"表示只能通过跟踪实用工具访问跟踪输出，traceMode="SortByTime"表示以处理跟踪的顺序来显示跟踪信息，localOnly="true"表示跟踪查看器（trace.axd）只用于宿主 Web 服务器。

2. 自定义 Web.config 文件配置节

　　设置 Web.config 文件配置信息分为两步：

　　（1）在配置文件顶部<configSections>和</configSections>标签之间声明配置节点的名称，以及处理此节点的.NET Framework 类名称。

　　（2）在<configSections>区域之后为声明的节点做实际的配置设置。

　　例如，创建一个存储数据库连接字符串的代码如下：

```
<configuration>
<configSections>
<section name="appSettings" type="System.Configuration.NameValueFileSectionHandler, System, Version=1.0.3300.0, Culture=neutral, PublicKeyToken=b77a5c561934e089"/>
</configSections>
<appSettings>
<add key="scon" value="server=a;database=northwind;uid=sa;pwd=123"/>
</appSettings>
<system.web>
......
</system.web>
</configuration>
```

　　程序代码中可以通过使用 ConfigurationSettings.AppSettings 静态字符串集合来访问 Web.config 文件，获取上面代码中建立的数据库连接字符串。

7.2　Web 服务器控件

7.2.1　概述

　　ASP.NET 页面上的控件有 3 种类型：

（1）HTML 控件；

（2）Web 控件，包括以下几种类型：标准控件、验证用户输入的验证控件、简化用户管理的登录控件和处理数据源的一些较复杂的控件；

（3）用户控件，由开发人员自定义的控件。

本章重点介绍 Web 服务器控件，所有的 Web 服务器控件都按照下面 XML 元素的方式使用，其语法如下：

```
<asp:controlName runat="server" attribute="value">Contents</asp: controlName>
```

其中，controlName 是 ASP.NET 服务器控件的名称，attribute='value'是一个或多个属性规范，Contents 指定控件的内容。一些控件可以使用属性和控件元素的内容来设置属性，例如 Label 控件，显示文本可以用两种方式指定，还有一些控件可以使用元素包含模式来定义它们的层次结构，例如 Table 控件可以包含 TableRow 元素，指定表中的行。

遗漏 Web 控件上的 runat='server'属性会产生错误，结果将是一个不能运行的 Web 窗体。下面是一个 Web 控件的实例，代码如下：

```
<%@ Page Language="C#" AutoEventWireup="true" CodeFile="Default.aspx.cs" Inherits="_Default" %>
<!DOCTYPE html PUBLIC "-//W3C//DTD XHTML 1.1//EN"
"http://www.w3.org/TR/xhtml11/DTD/ xhtml11.dtd">
<html xmlns="http://www.w3.org/1999/xhtml">
<head runat="server">
<title>Untitled Page</title>
</head>
<body>
<form id="form1" runat="server">
<div>
<asp:Label runat="server" ID="resultLabel" /><br />
<asp:Button runat="server" ID="triggerButton" Text="Click Me" />
</div>
</form>
</body>
</html>
```

这里添加了两个 Web 窗体控件，标签控件和按钮控件。与 Windows 窗体程序一样，用户可以通过属性窗口访问对象所有的属性、事件等，如果进行了修改，代码或设计会通过属性窗口立即反馈回来。

前面只是设计好了 Web 应用程序的界面，要让这个应用程序完成一些工作，还应添加按钮单击事件的处理程序，可以在属性窗口中为按钮输入一个方法名，也可以双击该按钮，得到默认的事件处理程序。如果双击按钮，就可以自动添加一个事件处理方法，代码如下：

```
protected void triggerButton_Click(object sender, EventArgs e)
{
}
```

处理函数有两个参数，一个是触发此事件处理函数的对象 sender，另一个参数就是对象触发的事件 e。用户也可以手动的添加事件处理函数到代码中，首先在按钮控件中添加定义单击事件的代码：OnClick="triggerButton_Click"，然后在代码窗口中添加事件的处理函数 triggerButton_Click。

添加好事件的处理函数后，修改处理函数 triggerButton_Click 中的代码就可以完成功能，在处理函数种添加以下代码：

```
resultLabel.Text = "Button clicked!";
```

运行程序，可以在打开的浏览器中看到 Web 页面上的 Click Me 按钮，单击这个按钮前，在客户端查看表单部分的 HTML 代码如下所示：

```
<form method="post" action="Default.aspx" id="form1">
<div>
<input type="hidden" name="__VIEWSTATE" id="__VIEWSTATE" value="/wEPDwUKLTE2
MjY5MTY1NWRkQw +7xydPDuBqgjPjjMHnYk872ZE=" />
</div>
<div>
<span id="resultLabel"></span><br />
<input type="submit" name="triggerButton" value="Click Me" id="triggerButton" />
</div>
<div>
<input type="hidden" name="__EVENTVALIDATION" id="__EVENTVALIDATION"value="/
wEWAgK39qTFBwLHpP+yC4rCCl22/GGMaFwD0l7nokvyFZ8Q" / >
</div >
</form>
```

Web 服务器控件生成了 HTML 代码，<span> 和 <input> 分别代表 <asp:Label> 和 <asp:Button>。还有一个名为 VIEWSTATE 的隐藏域字段，把前面提到的窗体状态封装起来。在窗体传送回服务器以重新创建 UI，以及跟踪改变时使用这些信息。

在单击按钮，查看文本后，在客户端再次查看表单的 HTML 代码，代码如下：

```
<form method="post" action="Default.aspx" id="form1">
<div>
<input type="hidden" name="__VIEWSTATE" id="__VIEWSTATE" value="/wEPDwUKLTE2
MjY5MTY1NQ9kFgICAw9kFgICAQ8PFgIeBFRleHQFFD0J1dHRvbiBjbGlja2VkIWRkZN3zQXZqDnF2ddEB
w4Kj7MEqj9pJ" />
</div>
<div>
<span id="resultLabel">Button clicked!</span><br />
<input type="submit" name="triggerButton" value="Click Me" id="triggerButton" />
</div>
<div>
<input type="hidden" name="__EVENTVALIDATION" id="__EVENTVALIDATION" value="/
wEWAgLl3MPHAwLHpP+yCwFfz4kBL6+KP1xjB0lgrAagee1y" />
```

```
            </div>
        </form>
```

该程序运行后的效果如图 7.1 所示。

图 7.1　Web 服务器控件

Viewstate 隐藏域的值包含的信息比单击按钮之前要多一些，因为 HTML 的结果不仅取决于 ASP.NET 页面的默认输出，还有一些其他的处理结果。如果是一个复杂的窗体，Viewstate 隐藏域的值可能是一个非常长的字符串，但这些内容都是由系统在后台自动完成的，对用户来说是透明的。如果 Viewstate 字符串太长，就要影响程序的执行速度，所以在需要时可以禁用保留状态信息，也可以禁用整个页面的 Viewstate，以提高性能。

7.2.2　Web 控件

1. 标准 Web 服务器控件

所有的 Web 服务器控件都继承了 System.Web.UI.WebControls.WebControl，而 System.Web.UI.WebControls.WebControl 又继承了 System.Web. UI.Control。没有使用这个继承特性的 Web 服务器控件则直接派生于 Control 或更专门的基类，而该基类又最终派生于 Control。因此，Web 服务器控件有许多共同的属性和事件。

许多常用的继承属性主要用于处理显示格式，例如属性 ForeColor、BackColor、Font 等，也可以使用 CSS(Cascading Style Sheet)类来控制。在一个独立的样式表文件中定义样式，然后把字符串属性 CssClass 设置为 CSS 类的名称。还可以使用 CSS 属性窗口和样式管理窗口给 CSS 控件设置样式。Width 属性和 Height 属性，用于设置控件的大小；AccessKey 属性和 TabIndex 属性用于用户的交互操作；Enabled 属性用于设置控件的功能是否可以在 Web 窗体上使用。

对于事件，最常用的是继承来的 Load 事件，它执行控件的初始化，PreRender 事件则是在控件输出 HTML 前进行的最后一次修改，表 7-7 详细列出了标准 Web 服务器控件。

表 7-7　标准 Web 服务器控件表

控　　件	说　　明
Label	显示简单文本，使用 Text 属性设置或编程修改显示的文本
TextBox	提供一个用户可以编辑的文本框。使用 Text 属性访问输入的数据，TextChanged 事件可处理回送的选择变化。如果要求进行自动回送（而不是使用按钮），就应把 AutoPostBack 属性设置为 true
Button	用户单击的标准按钮。Text 属性用于设置按钮上的文本，Click 事件用于响应单击（服务器回送是自动的）。也可以使用 Command 事件响应单击，该事件可以访问接收的附加属性 CommandName 和 CommandArgument
LinkButton	与 Button 相同，但把按钮显示为超链接
ImageButton	显示一个图像，该图像放大一倍作为一个可单击的按钮，其属性和事件继承了 Button 和 Image

续表

控　件	说　明
HyperLink	添加一个 HTML 超链接。用 NavigateUrl 设置目的地，用 Text 设置要显示的文本。也可以使用 ImageUrl 来指定要链接的图像，用 Target 指定要使用的浏览器窗口。这个控件没有非标准的事件，如果在链接后要执行其他处理，就应使用 LinkButton
DropDownList	允许用户选择一个列表项，可以直接从列表中选择，也可以输入前面的一个或两个字母来选择。使用属性 Items 设置项目列表（这是一个包含 ListItem 对象的 ListItemCollection 类），SelectedItem 和 SelectedIndex 属性可确定选择的内容。SelectedIndexChanged 事件可用于确定选项是否改变，这个控件也有 AutoPostBack 属性，所以选项的改变会触发一个回送操作
ListBox	允许用户从列表中选择一个或多个列表。把 SelectionMode 设置为 Multiple 或 Single，可以确定一次选择多少个选项，Rows 确定要显示的选项个数。其他属性和事件与 DropDownList 控件相同
CheckBox	显示一个复选框。选择的状态存储在布尔属性 Checked 中，与复选框相关的文本存储在 Text 属性中。AutoPostBack 属性可以用于启动自动回送，CheckedChanged 事件则执行改变操作
CheckBoxList	创建一组复选框。属性和事件与其他列表控件相同，例如 DropDownList
RadioButton	显示一个单选按钮。一般情况下，它们都组合在一个组中，其中只有一个 RadioButton 控件是激活的。使用 GroupName 属性可以把 RadioButton 控件链接到一个组中。其他属性和事件与 CheckBox 相同
RadioButtonList	创建一组单选按钮，在这个组中，一次只能选择一个按钮。其属性和事件与其他列表控件相同
Image	显示一个图像。使用 ImageUrl 进行图像引用，如果图像加载失败，由 AlternateText 提供对应的文本
ImageMap	类似于 Image，但在用户单击图像中的一个或多个热区时，可以指定要触发的动作。要执行的动作可以是回送给服务器或重定向到另一个 URL 上。热区由派生于 HotSpot 的嵌入控件提供，例如 RectangleHotSpot 和 CircleHotSpot
Table	指定一个表。在设计期间可以使用它、TableRow 和 TableCell，或者使用 TableRowCollection 类的 Rows 属性编程指定数据行。也可以在运行期间进行修改时使用这个属性。与 TableRow 和 TableCell 一样，这个控件有几个只能用于表格的格式属性
BulletedList	把一个选项列表格式化为一个项目符号列表。与其他列表控件不同，这个控件有一个 Click 事件，用于确定用户在回送期间单击了哪个选项。其他属性和事件与 DropDownList 相同
HiddenField	用于提供隐藏的字段，以存储不显示的值。这个控件可存储需要另一种存储机制才能发挥作用的设置。使用 Value 属性访问存储的值
Literal	执行与 Label 相同的功能，但没有样式属性，只有一个 Text 属性
Calendar	允许用户从图像日历中选择一个日期。这个控件有许多与格式相关的属性，但其基本功能是使用 SelectedDate 和 VisibleDate 属性来访问由用户选择的日期和月份，并显示出来。其关联的关键事件是 SelectionChanged。这个控件的回送是自动的
AdRotator	顺序显示几个图像。在每个服务器循环后，显示另一个图像。使用 Advertisement-File 属性指定描述图像的 XML 文件，AdCreated 事件在每个图像发回之前执行处理操作。
FileUpload	这个控件给用户显示一个文本框和一个 Browse 按钮，以选择要上传的文件。用户选择了文件之后，就可以使用 HasFile 属性确定是否选择了文件，然后使用后台代码中的 SaveAs 方法执行文件的上传

控　件	说　明
Wizard	这个高级控件用于简化用户在几个页面中输入数据的常见任务。可以给向导添加多个步骤，按顺序或不按顺序显示给用户，并依赖此控件来维护状态
Xml	这是一个更复杂的文本显示控件，用于显示用 XSLT 样式表传输的 XML 内容，这些 XML 内容是使用 Document、DocumentContent 或 DocumentSource 属性中的一个设置（取决于原始 XML 的格式）的，XSLT 样式表（可选）是使用 Transform 或 TransformSource 来设置的
MultiView	这个控件包含一个或多个 View 控件，每次只显示一个 View 控件。当前显示的视图用 ActiveViewIndex 指定，如果视图改变了（可能因为单击了当前视图上的 Next 链接），就可以使用 ActiveViewChanged 事件检测出来
Panel	添加其他控件的容器。可以使用 HorizontalAlign 和 Wrap 指定内容如何安排
PlaceHolder	这个控件不显示任何输出，但可以方便地把其他控件组合在一起，或者用编程的方式把控件添加到给定的位置。被包含的控件可以使用 Controls 属性来访问
View	控件的容器，类似于 PlaceHolder，但主要用作 MultiView 的子控件。使用 Visible 属性可以指定是否显示给定的 View，使用 Activate 和 Deactivate 事件检测激活状态的变化
Substitution	指定一组不与其他输出一起高速缓存的 Web 页面，这是一个与 ASP.NET 高速缓存相关的高级主题
Localize	与 Literal 相同，但允许使用项目资源指定要在不同区域显示的文本，使文本本地化

2. 数据 Web 服务器控件

数据 Web 服务器控件分为以下两类：

（1）数据源控件，如 SqlDataSource、AccessDataSource、ObjectDataSource、XmlDataSource、和 SiteMapDataSource 等。

（2）数据显示控件，如 GridView、DataList、DetailsView、FormView、Repeater 和 ReportViewer 等。

把一个不可见的数据源控件放在页面上，以连接数据源，然后添加一个绑定到数据源控件的数据显示控件，以显示该数据。

所有的数据源控件都派生于 System.Web.UI. DataSourceControl 或 System.Web.UI. HierarchicalDataSourceControl，这些类的方法如 GetView 或 GetHierarchicalView()，可以访问内部数据视图，还可以设置样式，数据源控件的功能说明见表 7-8。

表 7-8　数据源控件功能表

控　件	说　明
SqlDataSource	用作 SQL Server 数据库中存储的数据的管道。把这个控件放在页面上，就可以使用数据显示控件操作 SQL Server 数据
AccessDataSource	与 SqlDataSource 相同，但处理存储在 Microsoft Access 数据库中的数据
LinqDataSource	这个控件可以处理支持 LINQ 数据模型的对象
ObjectDataSource	这个控件可以处理存储在自己创建的对象中的数据，这些对象可能组合在一个集合类中。这是把定制的对象模型显示在 ASP.NET 页面上的非常快捷的方式

续表

控　件	说　　　明
XmlDataSource	可以绑定到 XML 数据上。它可以绑定导航控件，例如 TreeView。利用这个控件，还可以使用 XSL 样式表传输 XML 数据
SiteMapDataSource	可以绑定到层次站点地图数据上

数据显示控件的功能说明见表 7-9。

表 7-9　数据显示控件功能表

控　件	说　　　明
GridView	以数据行的格式显示多个数据项（如数据库中的行），其中每一行包含表示数据字段的列。利用这个控件的属性，可以选择、排序和编辑数据项
DataList	显示多个数据项，可以为每一项提供模板，以任意指定的方式显示数据字段。与 GridView 一样，可以选择、排序和编辑数据项
DetailsView	以表格形式显示一个数据项，表中的每一行都与一个数据字段相关。这个控件可以添加、编辑和删除数据项
FormView	使用模板显示一个数据项。与 DetailsView 一样，这个控件也可以添加、编辑和删除数据项
Repeater	与 DataList 相同，但不能选择和编辑数据
RepeaterViewer	显示报表服务数据的高级控件

　　数据显示控件通过定义绑定模板来达到显示多行数据的目的，每个数据显示控件有不同的模板，这里使用 Repeater 数据显示控件来说明模板的定义。下面是一个显示学生信息内容的 Repeater 控件的模板定义例子：

```
<asp:Repeater ID="StuInfo" runat="server">
<HeaderTemplate>
<h2>学生信息列表</h2>
</HeaderTemplate>
<ItemTemplate>
姓名：<%#Eval("Name") %>　学号：<%#Eval("Num") %>　班级：<%#Eval("Class") %><br>
家庭住址：<%#Eval("Address") %>
</ItemTemplate>
<FooterTemplate>
总人数：<%#Eval("Count") %>
</FooterTemplate>
<SeparatorTemplate><hr /></SeparatorTemplate>
</asp:Repeater>
```

　　HeaderTemplate 模板定义报表的头，此例中定义了一个显示"学生信息列表"标题。ItemTemplate 模板定义列表详细内容，此例中定义了四个信息的四个内容，都通过 Eval 命令绑定数据字段，这些绑定的字段必须和数据源中的字段名相同，否则要出现错误。FooterTemplate 模板定义报表的底部内容，此例中定义了整个列表中的总人数。

SeparatorTemplate 模板定义每行数据之间的分隔符，此例中定义以水平线分隔。

3. 验证 Web 服务器控件

验证控件可以完成在不编写任何代码的前提下验证用户的输入，只要有回送服务器操作，每个验证控件就会检查控件的内容是否有效，并相应改变 IsValid 属性的值。如果这个属性是 false，被验证控件的用户输入就没有通过验证。Web 页面也有一个 IsValid 属性，如果页面中任一个有效性验证控件的 IsValid 属性设置为 false，则该页面的 IsValid 属性就是 false，可以在服务器端的代码上检查这个属性，并对它进行操作。

验证控件不仅可以在程序运行期间验证控件的有效性，还可以自动给用户输出有帮助的提示，把 ErrorMessage 属性设置为希望的文本，在用户试图回送无效的数据时，就会看到这些文本。

存储在 ErrorMessage 中的文本可以在验证控件所在的位置输出，也可以和页面上其他验证控件的信息一起输出在一个独立的位置。第二种方式可以使用 ValidationSummary 控件来获得，并把所有的错误信息和附加文本按照需要的方式显示出来。

所有的验证控件都继承于 BaseValidator，所以它们共享几个重要的属性。最重要的是上面讨论的 ErrorMessage 属性；ControlToValidate 指定要验证的控件的编程 ID；Display 属性确定是把文本放在验证汇总的位置上，还是放在验证控件的位置上。验证控件表见表 7-10。

表 7-10　验证控件表

控　件	说　　明
RequiredFieldValidator	用于检查输入数据是否为空
CompareValidator	用于检查输入的数据是否满足简单的要求。利用一个运算符集合，通过 Operator 和 ValueToCompare 属性进行验证
RangeValidator	验证控件中的数据，看其值是否在 MaximumValue 和 MinimumValue 属性值之间
RegularExpressionValidator	根据存储在 ValidationExpression 中的正则表达式验证字段的内容，可以用于验证邮政编码、电话号码、IP 号码等
CustomValidator	定制函数验证控件中的数据。ClientValidationFunction 指定用于验证一个控件的客户端函数。这个函数应返回一个 Boolean 类型的值，表示验证是否成功。另外，还可以使用 ServerValidate 事件指定用于验证数据的服务器端函数。这个函数是一个 bool 类型的事件处理程序，其参数是一个包含要验证数据的字符串，而不是 EventArgs 参数。如果验证成功，就返回 true，否则返回 false
ValidationSummary	为所有设置了 ErrorMessage 的验证控件显示验证错误。通过设置 DisplayMode 属性可以设置显示的内容格式；ShowSummary 属性为禁止或显示内容；把 ShowMessageBox 属性设置内容是否显示在弹出的消息框中

7.3　ASP.NET 内置对象

ASP.NET 的内置对象可以在页面中直接使用，通过内置对象，在页面上以及页面之间可方便地实现获取、输出、传递、保留各种信息等操作，以完成各种复杂的功能。ASP.NET

内置对象表见表 7-11。

表 7-11　ASP.NET 内置对象表

对 象 名 称	功 能 描 述
Request	用于获取来自浏览器的信息
Response	用于向浏览器输出信息
Page	用于操作整个页面
Server	提供服务器端的一些属性和方法
Application	用于共享多个会话和请求之间的全局信息
Session	用于存储特定用户的会话信息
Cookies	用于设置或获取 Cookie 信息

7.3.1　Request 对象

当用户浏览器向 Web 服务器请求一个 Web 页面时，Web 服务器就会收到一个 HTTP 请求，该请求包含用户、用户 PC、用户使用的浏览器等一系列信息。在 ASP.NET 中，可以通过 Request 对象设置或获取这些信息，Request 是 ASP.NET 最常用的对象之一，其主要属性见表 7-12。

表 7-12　Request 对象属性表

类 别	名 称	描 述
属性	AcceptType	获取客户端支持的 MIME 类型
	UserHostAddress	获取客户端主机的 IP 地址
	UserHostName	获取客户端主机名
	UserLanguages	获取客户端语言信息，是一个字符串数组
	UserAgent	客户端浏览器的原始代理信息
	UrlReferrer	获取客户端 Url 相关信息
	Path	获取当前请求的虚拟路径
	ContentEncoding	获取客户端使用的字符集信息
	Headers	获取 HTTP 头集合
	QueryString	获取 HTTP 查询字符串的集合
	Form	获取窗体变量集合
	Browser	获取客户端浏览器信息

下面详细说明一些常用的属性。

1. Browser 属性

Request 对象的 Browser 属性可获得向服务器发出请求的浏览器信息，Browser 属性还有下一级的属性，表 7-13 中列出了其中的一些主要属性。

表 7-13　Browser 属性表

名　　称	描　　述
Beta	浏览器版本是否是 Beta 版
Version	浏览器版本名称
Platform	来访者使用的系统平台
Cookies	浏览器是否支持 Cookies
ActiveXControls	浏览器是否支持 ActiveX 控件
Type	浏览器名称和主版本号（整数部分）
ClrVersion	获取安装在客户端的.NET Frame 版本

例如，获取客户端的浏览器版本名称，并转换为字符串后添加到列表框中的代码如下：

```
ListBox1.Items.Add(Request.Browser. Version.ToString());
```

2. UrlReferrer 属性

Request 对象的 UrlReferrer 属性可获得客户端发出的 URL 的相关信息，UrlReferrer 属性还有下级属性，见表 7-14。

表 7-14　UrlReferrer 属性表

名　　称	描　　述
Port	获取发出客户端请求的端口号
Authority	获取服务器域名系统的主机名（IP 地址）和端口号
AbsolutePath	获取 URL 的绝对路径
Host	获取客户端主机的主机名
HostNameType	获取 URL 中主机名的类型
UserInfo	获取用户名、密码或其他与指定 URL 相关联的信息

例如，获取客户端请求的端口号和主机名，并转换为字符串后添加到列表框中的代码如下：

```
ListBox1.Items.Add(Request.UrlReferrer.Port.ToString());
ListBox1.Items.Add(Request.UrlReferrer.Host.ToString());
```

3. Headers 属性

Request 对象的 Headers 属性的功能是获取 HTTP 头信息集合，Headers 属性返回一个字符串数组，其数组的下标下限是 0，上限可通过 Request 的 Headers.Count 属性获得，通过循环可将数组中的值逐一输出，代码如下：

```
for (i = 0; i < Request.Headers.Count; i++)
{
Response.Write(Request.Headers[i] + "<br>");
}
```

4. QueryString 属性

Request 对象的 QueryString 属性的功能是获取 HTTP 查询字符串的集合，返回一个字符串数组。输出 QueryString 的全部内容的代码如下：

```
for (i = 0; i < Request.QueryString.Count; i++)
{
Response.Write(Request.QueryString[i] + "<br>");
}
```

7.3.2　Response 对象

Response 对象用于将 HTTP 响应数据发送到客户端，告诉浏览器响应内容的报头、服务器端的状态信息及输出指定的内容。Response 对象常用的属性及方法见表 7-15。

表 7-15　Response 对象属性及方法表

类　别	名　称	描　述
属性	BufferOutput	获取或设置一个值，该值指示是否缓冲输出
	ContentType	获取或设置输出流的 HTTP MIME 类型
	Cookies	获取响应 Cookie 集合
	Expires	获取或设置该页在浏览器上缓存过期之前的分钟数
	IsClientConnected	获取一个值，该值指示客户端是否仍连接在服务器上
方法	Clear	清除缓冲区中的所有内容输出
	Flush	刷新缓冲区，向客户端发送当前所有缓冲的输出
	End	将当前所有缓冲的输出发送到客户端，停止该页的执行
	Redirect	将客户端重定向到新的 URL
	Write	将信息写入 HTTP 输出内容流

下面详细说明 Response 对象常用的属性和方法。

1. ContentType 属性

ContentType 属性用来获取或设置输出流的 HTTP MIME 类型，也就是 Response 对象向浏览器输出内容的类型，默认值为 text/html。ContentType 的值为字符串类型，格式为 type/subtype，type 表示内容的分类，subtype 表示特定内容的分类。例如，Response.ContentType="image/gif";表示向浏览器输出的内容为 gif 图片。

2. BufferOutput 属性

BufferOutput 属性用来获取或设置一个布尔值，该值指示是否对页面输出进行缓冲，True 表示先输出到缓冲区，在完成处理整个页面之后再从缓冲区发送到浏览器，False 表示不输出到缓冲区，服务器直接将内容输出到客户端浏览器，默认值为 True。

如果使用了 Redirect 方法对页面进行重定向，则必须开启输出缓冲，因为在关闭输出缓冲的情况下，服务器直接将页面输出到客户端，当浏览器已经接收到 HTML 内容后，是不允许再定向到另一个页面的。

3. Write 方法

Write 方法用来向客户端输出信息，例如，Response.Write("Web 应用程序开发");，可以输出一个字符串。如果在服务器端脚本符号内只有一个输出语句：

```
<% Response.Write("内容"); %>
```

那么可以简写为：<% ="内容" %>，即使用等号代替 Response.Write 方法。

4. End 方法

End 方法用来输出当前缓冲区的内容，并中止当前页面的处理。例如下面程序的执行结果是只输出"欢迎光临"，不输出" Web 应用程序开发！"。

```
Response.Write("欢迎光临");
Response.End();
Response.Write("Web 应用程序开发！");
```

5. Redirect 方法

利用超级链接可以把访问者从一个页面引导到另一个页面，但访问者必须单击超级链接才可以实现跳转，有时需要页面自动重定向到另一个页面，例如，用户试图进入后台管理页面时，如果用户没有登录，那么就需要使页面自动跳转到登录页面，可以使用以下代码完成跳转：

```
Response.Redirect("login.aspx");
```

7.3.3 Page 对象

Page 类与扩展名为 aspx 的文件相关联，这些文件在运行时被编译为 Page 对象，并缓存在服务器内存中，Page 对象提供的常用属性、方法及事件见表 7-16。

表 7-16 Page 对象属性、方法及事件表

类 别	名 称	描 述
属性	IsPostBack	获取值，表示该页面是否正为响应客户端回发而加载
	IsValid	获取值，表示页面是否通过验证
	EnableViewState	获取或设置值，指示当前页请求结束时是否保持视图状态
	Validators	获取请求的页面上包含的全部验证控件的集合
方法	DataBind	将数据源绑定到被调用的服务器控件及其所有子控件
	FindControl	在页面中搜索指定的服务器控件
	RegisterClientScriptBlock	向页面发出客户端脚本块
	Validate	指示页面中所有验证控件进行验证
事件	Init	当服务器控件初始化时发生
	Load	当服务器控件加载到 Page 对象中时发生
	Unload	当服务器控件从内存中卸载时发生

下面详细说明常用属性、方法和事件。

1. IsPostBack 属性

IsPostBack 属性用来获取一个 bool 值，如果该值为 True，则表示当前页面是为响应客户端回发，例如单击按钮而加载，否则表示当前页面是首次加载和访问。

例如，在页面首次加载时标签控件显示"初次加载页面"，否则标签控件显示"回发加载页面"，代码如下：

```
void Page_Load(Object sender,EventArgs e)
{
  if (!IsPostBack)
  {
    Lable1.text="初次加载页面";
  }
  else
  {
    Lable1.text="回发加载页面";
  }
}
```

2. IsValid 属性

IsValid 属性用来获取一个 bool 值，指示页面验证是否成功，如果页面验证成功则为 True，否则为 False。一般在包含有验证服务器控件的页面中使用，只有在所有验证服务器控件都验证成功时，IsValid 属性的值才为 True。

例如，使用 IsValid 属性来判断输出相应的提示信息。

```
void Button1_Click(Object Sender, EventArgs e)
{
  if (Page.IsValid)
  {
    Lable1.Text="您输入的信息通过验证!";
  }
  else
  {
    Lable1.Text="您的输入有误，请检查后重新输入！";
  }
}
```

3. RegisterClientScriptBlock 方法

RegisterClientScriptBlock 方法用来在页面中发出客户端脚本块，它的定义如下：

```
Public virtual void RegisterClientScriptBlock(string key,string script);
```

其中参数 key 为标识脚本块的唯一键，script 为发送到客户端的脚本的内容。脚本块是在呈现输出的对象被定义时发出的，因此必须同时包括<script>和</script>两个标签。通过使用关键字标识脚本，多个服务器控件实例可以请求该脚本块，而不用将其发送到输出流两次，具有相同 key 参数值的任何脚本块均被视为重复的。

4. Init 事件

页面生命周期中的第一个阶段是初始化，这个阶段的标志是 Init 事件。在成功创建页面的控件树后，将会触发 Page 对象的此事件，Init 对应的事件处理程序为 Page_Init()。在编程实践中，Init 事件通常用来设置网页或控件属性的初始值。

5. Load 事件

当页面被加载时，会触发 Page 对象的 Load 事件，Load 对应的事件处理程序为 Page_Load()，Load 事件与 Init 事件的主要区别在于，对于来自浏览器的请求而言，网页的 Init 事件只触发一次，而 Load 事件则可能触发多次。

7.3.4　Server 对象

Server 对象专门为处理服务器上的特定任务而设计的，Server 对象常用的属性和方法见表 7-17。

表 7-17　Server 对象常用的属性和方法

类　　别	名　　称	描　　述
属性	MachineName	获取服务器的计算机名称
	ScriptTimeout	获取和设置文件最长执行时间（以秒计算）
方法	CreateObject	创建 COM 对象的一个服务器实例
	Execute	使用另一页面执行当前请求
	HtmlEncode	对要在浏览器中显示的字符串进行编码
	HtmlDecode	对已被编码以消除无效 HTML 字符的字符串进行解码
	UrlEncode	对指定字符串以 URL 格式进行编码
	UrlDecode	对 URL 格式字符串进行解码
	MapPath	将虚拟路径转换为物理路径
	Transfer	终止当前页面的执行，并开始执行新的请求页面

下面详细说明 Server 对象的常用属性和方法。

1. ScriptTimeout 属性

ScriptTimeout 属性用来查看或设置请求超时时间，默认时间为 90 秒，如果一个文件执行时间超过此属性设置的时间，则自动停止执行，这样可以防止某些可能进入死循环的程序导致服务器资源的大量消耗。如果页面需要较长的运行时间，比如要上传一个非常大的文件，就需要设置一个较长的请求超时时间。

2. HtmlEncode 方法和 HtmlDecode 方法

当字符串中包含有 HTML 标记时，浏览器会根据标记的作用来显示内容，而标记本身不会显示在页面上。在留言本、论坛等程序中，如果用户输入的信息中包含有 HTML 代码或一些客户端脚本程序时，可能会对网站造成一定的危害。HtmlEncode 方法就是用来将字符串中的 HTML 标记字符转换为字符实体，从而使 HTML 标记本身显示在页面上。

```
void Page_Load(Object o,EventArgs e)
{
    string str1, str2;
    str1 = "<span>Web 应用程序开发</span>";
    str2 = Server.HtmlEncode(str1);
    Response.Write(str1 + "<br>");
    Response.Write(str2);
}
```

程序执行的结果如下：

```
Web 应用程序开发
<span>Web 应用程序开发</span>
```

查看 IE 中的源文件，可以看出 HtmlEncode 方法是把 "<" 和 ">" 这些关键字符进行了替换，例如把 "<" 替换成了 "<"。

与 HtmlEncode 方法作用相反的是 HtmlDecode 方法，它用来把字符实体转换为 HTML 标记字符。

3. UrlEncode 方法和 UrlDecode 方法

Server 对象的 UrlEncode 方法，是用来对字符串进行 URL 格式编码的。URL 地址中有时候会出现一些特殊的字符，此外，通过 URL 地址传递参数时也可能会出现特殊字符，例如，URL 地址 "http://localhost/test.aspx?name=test&num=111"。URL 地址中的这些特殊字符在有些浏览器上不能正确得到解释，从而导致参数不能够正确传递，这时就需要对字符串进行 URL 编码。

```
void Page_Load(Object o,EventArgs e)
{
    string url;
    url="http://localhost/test.aspx?url=";
    url+=Server.UrlEncode("http://localhost/add.aspx");
    Response.Write(url);
}
```

程序执行的结果如下：

http://localhost/test.aspx?url=http%3a%2f%2flocalhost%2fadd.aspx。

与 UrlEncode 方法作用相反的是 UrlDecode 方法，它用来对 URL 格式的字符串进行解码。

4. MapPath 方法

Web 页面中，一般使用的是虚拟路径，但是在连接 Access 数据库或其他文件操作时就必须使用物理路径。物理路径可以在程序中直接写出，但有时不利于网站的移植，而利用 Server 对象的 MapPath 方法可以将虚拟路径转换为物理路径。MapPath 方法的语法如下：

```
Server.MapPath(路径字符串);
```

```
void Page_Load(Object o,EventArgs e)
{
    Response.Write("当前物理路径:"+Server.MapPath("."));
    Response.Write("<br>");
    Response.Write("网站根物理路径:"+Server.MapPath("/"));
}
```

程序执行的结果如下：

当前物理路径:G:\教学\教材编写\《Web 应用程序开发》\实例\Net\Test
网站根物理路径:G:\教学\教材编写\《Web 应用程序开发》\实例\

5. Execute 方法和 Transfer 方法

Execute 方法用来停止执行当前网页，转到新的网页执行，执行完毕后再返回到原网页继续执行。Transfer 方法与 Execute 一样，但是 Transfer 方法执行完新网页后，不再返回原网页执行。

7.3.5　Application 对象

使用 Application 对象在整个应用程序范围内存储所有用户共享的信息，使用 Application 对象存储的变量和对象在整个应用程序的所有 ASP.NET 页面中都是可用的，并且值也是相同的。

Application 对象所维护的是应用程序状态，是和应用程序的生命周期有关的，它在客户端第一次请求任何 URL 资源时创建，在应用程序或进程被撤销时结束。对于 Web 服务器上的每个 ASP.NET 应用程序都要创建一个单独的 Application 对象。如果要在应用程序启动时进行一些初始化操作，可在 Global.asax 文件中编写 Application_Start()事件处理程序，如果要在应用程序结束时进行一些操作，可在 Global.asax 文件中编写 Application_End()事件处理程序。

因为 Application 对象中存放的是应用程序全局变量，这些变量占用的内存资源在变量被删除或被替换前是不会被释放的，所以设计程序时应尽量少使用 Application 对象存储数据。

1. 利用 Application 存储信息

Application 对象是一个集合对象，可看作是存储信息的容器，而信息在集合中是以对象的形式存放的，每条信息对应一个对象名和一个对象值。用 Application 对象存储信息，也就是向集合中添加对象,利用 Application 对象提供的 Add 方法就可以将新对象添加到集合中，Add 方法定义的形式为：

```
public void Add(string name,object value);
```

其中，参数 name 为要添加到集合中的对象名，参数 value 为对象值，因为 value 为 object 类型，所以，可以将任何类型的值存入 Application 对象中。

```
string var1="Web 应用程序开发";
int var2=34;
```

```
cls_User var3=new cls_User;   //cls_User 为用户信息类
Application.Add("App_var1", var1);
Application.Add("App_var2", var2);
Application.Add("App_var3", var3);
```

如果 Application 集合中存在相同名字的应用程序变量，则会修改原先的变量值。因为 Application 对象里的信息是整个应用程序共享的，有可能发生同一应用程序的多个用户同时操作同一个 Application 对象的情况，所以，在操作 Application 对象时需要将其锁定，以防止出现意外错误。Application 对象提供的 Lock 方法与 UnLock 方法就是用来锁定和解除锁定的。

```
Application.Lock();
Application["age"]=25;
Application.UnLock();
```

2. 读取 Application 中的信息

将信息存入 Application 对象之后，在需要时就可以把信息从 Application 对象中读取出来使用。可以通过对象名称索引或对象在集合中的位置数字索引来访问 Application 集合中的对象。因为读取出的值都是 object 类型的，所以需要转换为相应的存储类型。例如，读取上面添加的三个 Application 变量的代码如下：

```
string var1=(string)Application[0];
int var2=(int)Application[1];
cls_User var3=(cls_User)Application["var3"]
```

为了与 ASP 保持兼容，也可以使用 Application 对象的 Contents 属性来访问集合中的对象，按照以下方式书写代码也可以。

```
string var1=(string) Application.Contents[0];
int var2=(int) Application.Contents[1];
cls_User var3=(cls_User) Application.Contents["var3"]
```

如果直接使用一个根本不存在的应用程序变量时，会引发"未将对象引用设置到对象实例"的异常，可以在使用前加上判断来避免这种异常的发生，例如，下面程序段先判断 var1 是否存在，在存在的情况下才进行读取。

```
if (Application["var1"]!=null)
{
    int intvar=(int)Application["var1"];
}
```

3. 删除 Application 中的信息

当 Application 对象中某些变量不再使用时，可以显式地删除来节省服务器的资源。Application 对象的 Remove 方法用来删除 Application 中的信息，例如，下面语句删除 Application 中的变量 var1。

```
Application.Remove("var1");
```

要清除 Application 对象中所有的变量，可使用 Clear 方法或 RemoveAll 方法，代码如下：

```
Application.RemoveAll();
Application.Clear();
```

7.3.6　Session 对象

Session 对象的作用是在服务器端存储特定信息，但与 Application 对象存储信息是完全不同的，Application 对象存储的信息是整个应用程序共享的全局信息，每个客户访问的是相同的信息，而 Session 对象存储的信息是局部的，是特定于某一个用户的，Session 中的信息也称为会话状态。利用 Session 对象，可以在客户访问一个页面时，存储一些信息，当转到下一个页面时，再取出信息使用。

Session 对象对应于浏览器与服务器的同一次会话，在浏览器第一次请求应用程序的某个页面时，会话开始；在会话超时或被关闭时，会话结束。可以在 Global.asax 文件中编写 Session_Start 和 Session_End 事件处理程序。

1. 使用 Session

在 ASP.NET 的程序代码中使用 Session 对象时，必须保证页面的 @Page 指令中 EnableSessionState 属性的值为 True 或 ReadOnly，并且在 Web.config 文件中对 Session 进行了正确的配置。Session 也是一个集合对象，是用来存放会话变量的容器，使用的语法与使用 Application 对象一样。

```
string var1="Web 应用程序开发";
int var2=32;
Session.Add("var1",var1);
Session.Add("var2",var2);
```

可以通过对象名称索引或对象在集合中的位置数字索引来访问 Session 集合中的对象。

```
string var1=(string)Session[0];
int var2=(int)Session["var1"];
```

也可以通过 Session 对象的 Contents 属性来访问 Session 中的内容。

```
string var1=(string)Session.Contents[0];
int var2=(int)Session.Contents["var1"];
```

如果直接使用一个根本不存在的会话变量时，会引发"未将对象引用设置到对象实例"的异常，可以在使用前加上判断来避免这种异常的发生，例如，下面程序段先判断 var1 是否存在，在存在的情况下才进行读取。

```
if (Session["var1"]!=null)
{
    int var1=(int)Session["var1"];
}
```

Session 对象的 Remove 方法用来删除以参数为名字的会话变量。

```
Session.Remove("var1");
```

要清除 Session 对象中所有的变量，可使用 Clear 方法或 RemoveAll 方法。

```
Session.RemoveAll();
Session.Clear();
```

Session 对象的 Abandon 方法用来显式结束用户会话，值得注意的是，它并不会在调用语句处立即结束会话，而会等待当前页面完成处理，因此在使用 Abandon 方法的页面中，调用 Abandon 方法后，仍然可以获得会话变量的值。

2. 配置 Session

ASP.NET 中配置信息存储在基于 XML 的文本文件中，位于目录 <%systemroot%>\Microsoft.NET\Framework\<%versionNumber%>\CONFIG\下的根配置文件 Machine.config 提供整个 Web 服务器的 ASP.NET 配置设置。多个名称为 Web.config 的配置文件可以出现在 ASP.NET Web 应用程序服务器上的多个目录中。每个 Web.config 文件都将配置设置应用于它自己的目录和它下面的所有子目录。子目录中的配置文件可以提供除从父目录继承的配置信息以外的配置信息，子目录配置设置可以重写或修改父目录中定义的设置。Session 的配置是通过配置文件中<system.web>标签下的<sessionState>标签的属性设置来完成的，可以设置会话状态模式、是否使用 Cookie、会话超时等信息。

```
<configuration>
<system.web>
<sessionState mode="Inproc" cookieless="false" timeout="20">
</sessionState>
</system.web>
</configuration>
```

<sessionState>标签的 cookieless 属性是可选的，用来指示会话是否使用客户端 Cookie，当取值为 true 时，指示应使用不具有 Cookie 的会话，这种情况下，SessionID 会嵌入 URL 中；当取值为 false 时，指示使用具有 Cookie 的会话，这种情况下，SessionID 会存入客户端 Cookies 中。默认值为 false。

<sessionState>标签的 timeout 属性是可选的，用来指定在放弃一个会话前该会话可以处于空闲状态的分钟数，默认值为 20 分钟。

<sessionState>标签的 mode 属性是必需的，用来指定在哪里存储会话状态。该属性有四种可能的值：

（1）Off，指示禁用会话状态。

（2）InProc：指示使用进程内会话状态模式，在服务器本地存储会话状态数据。使用进程内会话状态模式时，如果 aspnet_wp.exe 或应用程序域重新启动，则会话状态数据将丢失。这种模式的优点是性能较高。

（3）StateServer：指示使用状态服务器模式，在运行 ASP.NET 状态服务的机器上存储会话状态数据。使用状态服务器模式时，ASP.NET 辅助进程直接与状态服务器对话，利用该简单的存储服务，当每个 Web 请求结束时，在客户的 Session 集合中（使用.NET 序列化服务）序列化并保存所有对象。当客户重新访问服务器时，相关的 ASP.NET 辅助进程从状态服务器中以二进制流的形式检索这些对象，将它们反序列化为实时实例，并将它们放置回对请求处理程序公开的新 Session 集合对象。另外必须设置<sessionState>标签的 stateConnectionString 属性，用于指定远程存储会话状态的服务器名称和端口。

（4）SQLServer：指示使用 SQL 模式，在 SQL Server 上存储会话状态数据。若要使用 SQL Server，首先在将存储会话状态的 SQL Server 计算机上，运行位于目录<%systemroot%>\Microsoft.NET\Framework\<%versionNumber%>之下的 InstallSqlState.sql 或 InstallPersistSqlState.sql。两个脚本均创建一个名为 ASPState 的数据库，它包含若干存储过程。两个脚本间的差异在于放置 ASPStateTempApplications 和 ASPStateTempSessions 表的位置。InstallSqlState.sql 脚本将这些表添加到 TempDB 数据库，该数据库在计算机重新启动时将丢失数据。相反，InstallPersistSqlState.sql 脚本将这些表添加到 ASPState 数据库，该数据库允许在计算机重新启动时保留会话数据。然后设置<sessionState>标签的 sqlConnectionString 属性，为 SQL Server 指定连接字符串。例如 sqlConnectionString= "data source=localhost;Integrated Security=SSPI;Initial Catalog=northwind"。

<sessionState>标签的 stateNetworkTimeout 属性在使用 StateServer 模式存储会话状态时，指定在放弃会话之前 Web 服务器和状态服务器之间的 TCP/IP 网络连接空闲的时间(以秒为单位)，默认值为 10。

7.3.7　Cookies 对象

Response 对象和 Request 对象有一个共同的属性 Cookies，它是存放 Cookie 对象的集合，使用 Response 对象的 Cookies 属性设置 Cookie 信息，使用 Request 对象的 Cookies 属性读取 Cookie 信息，Cookie 对象的常用属性见表 7-18。

表 7-18　Cookie 对象常用属性表

名　称	说　明
Name	获取或设置 Cookie 的名称
Expires	获取或设置 Cookie 的过期日期和时间
Domain	获取或设置 Cookie 关联的域
HasKeys	获取一个值，通过该值指示 Cookie 是否具有子键
Path	获取或设置要与 Cookie 一起传输的虚拟路径
Secure	获取或设置一个值，通过该值指示是否安全传输 Cookie
Value	获取或设置单个 Cookie 值
Values	获取在单个 Cookie 对象中包含的键值对的集合

（1）Name 属性，通过 Cookie 的 Name 属性来指定 Cookie 的名字，因为 Cookie 是按名称保存的，如果设置了两个名称相同的 Cookie，后保存的那一个将覆盖前一个，所以创建多个 Cookie 时，每个 Cookie 都必须具有唯一的名称，以便日后读取时识别。

（2）Value 属性，Cookie 的 Value 属性用来指定 Cookie 中保存的值，因为 Cookie 中的值都是以字符串的形式保存的，所以为 Value 指定值时，如果不是字符串类型的要进行类型转换。

（3）Expires 属性，Cookie 的 Expires 属性为 DateTime 类型的，用来指定 Cookie 的过期日期和时间。Cookie 一般都写入到用户的磁盘，当用户再次访问某个网站时，浏览器会先检查这个网站的 Cookie 集合，如果某个 Cookie 已经过期，浏览器不会把这个 Cookie 随页面请求一起发送给服务器，而是适当时删除这个已经过期的 Cookie。如果不给 Cookie 指定过期日期和时间，则为会话 Cookie，不会存入用户的硬盘，在浏览器关闭后就被删除。应根据应用程序的需要来设置 Cookie 的有效期。

1. 设置 Cookie

使用 Response 对象的 Cookies 属性来设置 Cookie，设置 Cookie 就是向 Cookies 集合里添加 Cookie 对象。下面的程序段设置一个名字为 UserName 的 Cookie，有效期为 3 天。

```
Response.Cookies["UserName"].Value=23.ToString();
Response.Cookies["UserName"].Expires=DateTime.Now.AddDays(3);
```

Cookie 保存信息允许使用子键来保存相关信息，例如，下面名为 User 的 Cookies 包含两个子键 UserName 和 UserID，有效期为 3 天。

```
Response.Cookies["User"]["UserName"]="Test";
Response.Cookies["User"]["UserID"]="333333";
Response.Cookies["User"].Expires=DateTime.Now.AddDays(3);
```

对于设置 Cookies，可以先实例化一个 HttpCookie 对象，然后设置 Cookies 的值，最后通过 Response 对象输出，代码如下：

```
HttpCookie MyCookie=new HttpCookie("User");
MyCookie.Values["UserName"]="Test";
MyCookie.Values["UserID"]="333333";
MyCookie.Expires=DateTime.Now.AddDays(3);
Response.Cookies.Add(MyCookie);
```

2. 读取 Cookie

当用户向网站发出请求时，该网站的 Cookie 会与请求一起发送。在 ASP.NET 应用程序中，可以使用 Request 对象的 Cookies 属性来读取 Cookie 信息。在读取 Cookie 的值之前，应该确保该 Cookie 确实存在。否则，将得到一个"未将对象引用设置到对象实例"的异常。

```
if (Request.Cookies["UserName"]!=null)
{
    Label1.Text=Request.Cookies["UserName"].Value;
}
```

也可以用以下方法实现同样的功能，代码如下：

```
if (Request.Cookies["username"]!=null)
{
```

```
HttpCookie MyCookie=Request.Cookies["UserName"];
label1.Text=MyCookie.Value;
}
```

如果读取的为有子键的 Cookie，需要使用子键来获得值，下面程序读取名字为 User，子键为 UserName 和 UserID 的 Cookie 值，并显示在 label1 和 label2 控件中。

```
if (Request.Cookies["User"]!=null)
{
    label1.Text=Request.Cookies["User"]["UserName"];
    label2.Text=Request.Cookies["User"]["UserID"];
}
```

或者，按照以下方式书写也可以。

```
if (Request.Cookies["User"]!=null)
{
    label1.Text=Request.Cookies["User"].Values["UserName"];
    label2.Text=Request.Cookies["User"].Values["UserID"];
}
```

3. 修改和删除 Cookie

修改 Cookie 实际上是新创建 Cookie，并把该 Cookie 发送到浏览器，覆盖客户机上旧的 Cookie。无法直接删除 Cookie，但可以修改 Cookie 的有效期为过去的某个日期，从而让浏览器删除这个已过期的 Cookie。

本 章 小 结

ASP.NET 应用程序使用 C#语言编写程序，C#语言的语法精练，书写程序简单，而且 ASP.NET 的应用程序是编译执行，所以执行效率高。通常编写 ASP.NET 应用程序都使用 Visual Studio 集成开发环境，Visual Studio 集成开发环境功能强大，集成开发环境中提供了很多空间，为程序员节省了不少时间。在开发 ASP.NET 应用程序的过程中应该注意以下几点：

（1）C#语言是区分大小写的，所以在变量命名时需要注意。

（2）C#是强数据类型语言，定义变量必须要指明类型，而且使用变量之前必须先定义变量，熟悉 ASP 应用程序开发的程序员需要注意。

（3）Visual Studio 集成开发环境中提供了代码提示功能，所以如果在书写程序过程中，书写的程序没有出现相应的代码提示，说明书写的代码有可能有错误，有可能是没有包含所需的命名空间，也有可能是书写代码关键字错误，所以在 Visual Studio 中书写程序的时候要充分利用代码提示功能。

（4）ASP 和 ASP.NET 在很多方面差别很大，所以在学习本章时不要把 ASP 应用程序开发的思路硬套到本章的学习过程中。

习　题　7

1. ASP.NET 页面上有三种空间分别是_____、_____、
_____。

2. ASP.NET 服务器控件在两个命名空间中_____和_____。

3. Web 服务器控件的 Accesskey 的属性是指定用户在按住_____键的同时
按下单个字母或数字。

4. CompareValidator 控件将输入控件的值和其他输入控件的值相比较，以确定这两个
值是否与由_____属性指定的关系相匹配。

5. Repeater 服务器控件是一个_____控件，允许通过_____来
自定义布局。

实　训　题　目

1. 编写程序完成日历功能的 Web 页面。
2. 使用登录服务器控件，完成用户登录功能。

第8章　简单网站建设

8.1　需 求 描 述

网站分为前台和后台管理两个部分，前台是指浏览者所使用的功能界面、后台管理是指系统管理员对自己的网站进行相应的管理操作。目前，网站前台页面都是通过后台管理自动创建的静态文件（htm 或者 html 文档），比如 CMS 系统。为了便于讲解，本章阐述网站开发，前台采用动态文件的方式。

就网站内容来说，一个简单的新闻发布网站前台应该包括首页、栏目页、终极栏目页，新闻内容显示页。后台管理应该包括栏目管理、新闻内容管理、配置信息管理、权限管理等模块。本章重点阐述栏目管理和新闻管理，至于权限管理等内容，这里不详细阐述。

栏目可以包含无限层次，也就是说一个网站的根栏目下面可以包含子栏目，子栏目下又包含子栏目，所以添加栏目时必须指明栏目的父栏目。新闻内容是属于某一个栏目的，所以添加新闻内容时必须要指明新闻内容的所属栏目。

前台首页是浏览者上网之后所看到网站的第一个内容，它是网站的门面，一个好的首页会给访问者留下很深刻的印象，并吸引他对站点内容的进一步浏览。网站首页一般来说应该包含如下内容：导航、最新内容列表、某些重要栏目内容列表等内容。

栏目页展示栏目里面的新闻内容列表，以及栏目下面的子栏目列表。终极栏目就是没有子栏目的那些栏目，这些栏目一般是把本栏目的内容列表分页显示。新闻内容显示页面就是展示一条新闻的标题、添加日期、新闻内容、作者等内容。

8.2　数 据 库 设 计

一个简单的网站的主要内容就是栏目、新闻内容，这两个方面的内容需要保存到数据库里面，需要保存到数据库中的数据有栏目信息和新闻信息，那么就创建两个表，一个保存栏目信息，另一个保存新闻信息。栏目表包含栏目唯一 ID、名称、父栏目、添加日期等，新闻表包括新闻唯一 ID、标题、内容、栏目、作者、编辑、添加日期等，见表 8-1 和表 8-2。

表 8-1　栏目表（Class）

字　段　名	类　　型	备　　注
ID	整型，自动编号	栏目的唯一 ID
ClassName	字符型，长度为 50	栏目名称
ParentID	整型	父栏目 ID，如果此栏目为根栏目，那么此字段的值为 0
AddDate	日期型	添加日期

表 8-2　新闻表（News）

字　段　名	类　　型	备　　注
ID	整型，自动编号	新闻的唯一 ID
NewsTitle	字符型，长度为 200	新闻标题
NewsContent	字符型，备注	新闻内容
ClassID	整型	所属栏目 ID
Author	字符型，长度为 50	作者
Editor	字符型，长度为 50	编辑
AddDate	日期型	添加日期

以上两个表只是数据库表的一个简单说明，用户可根据具体使用的数据库来创建数据库表，本教材的源代码使用的是 SQL Server 2000 数据库。

8.3　ASP 环境下的功能实现

通过对系统的需求分析和数据库设计，要完成网站功能需要设计以下页面文件，见表 8-3。

表 8-3　页面文件表

模　块	目　录	页面文件	功　能　描　述
公共模块	Inc	Function.asp	公共函数页面
		Session.asp	判断用户是否登录
		Conn.asp	数据库连接页面
		Close.asp	关闭需要关闭的对象
后台管理	Admin	Login.asp	登录页面
		LoginOut.asp	注销页面
		Index.asp	管理首页，使用框架把窗口分成两个子窗口，左边子窗口为菜单，右边子窗口为管理主窗口
		Class.asp	栏目管理页，列出所有栏目
		ClassAdd.asp	添加栏目信息
		ClassEdit.asp	修改栏目信息
		News.asp	新闻管理，列出所有新闻
		NewsAdd.asp	添加新闻内容
		NewsEdit.asp	修改新闻内容
前台页面	根目录	Index.asp	首页
		Class.asp	栏目页面
		More.asp	终极栏目页面
		News.asp	新闻内容显示页面

8.3.1　公共文件

　　整个系统中有三个公共文件：Conn.asp、Session.asp 和 Function.asp，三个文件都位于网站主目录下的 Inc 目录里面。

　　数据库连接文件 Conn.asp，此文件完成对数据库的连接，此文件不单独完成功能，都是被其他功能页面包含，在文件中定义一个全局的连接对象 Conn，包含 Conn.asp 文件的页面都可以使用 Conn 这个连接对象，重要代码如下：

```
Dim Conn,ConnStr
On Error Resume Next
Set Conn = Server.CreateObject("ADODB.CONNECTION")
ConnStr = "Provider=SQLOLEDB;Persist Security Info=false;server=(local);uid=sa;pwd=sa;database=
WebApp_8;"
Conn.Open ConnStr
if Err.Number <> 0 then
    Err.Clear
    Response.Write("<script language=""javascript"">alert('数据库连接错误，请修改数据库连接字
符串！');</script>")
    Response.End
end if
```

　　后台管理的每一个页面都必须要登录之后才能够访问，所以必须在每一个页面的最上面判断用户是否登录，用户登录成功后，用户名和密码信息保存在 Session 对象中，所以在判断时，首先从 Session 对象中取出用户名和密码，然后判断用户名和密码是否正确，如果不正确则重新定位到 Login.asp 页面，Session.asp 页面的主要代码如下：

```
Dim S_UserName,S_PassWord
S_UserName = Session("UserName")
S_PassWord = Session("PassWord")
if S_UserName <> "admin" OR S_PassWord <> "admin" then
    Response.Write("<script language=""javascript"">alert('用户没有登录！');location='login.asp'; ;</script>")
    Response.End
end if
```

　　把整个网站都使用的函数则放到页面文件 Function.asp 中，每个需要使用库函数的页面都包含此文件即可。Function.asp 文件的主要代码如下：

```
Function GetClassName(ID) '通过栏目 ID，找到栏目的名称
    Dim RS,SQL
    GetClassName = ""
    if ID <> "" then
        if ID = "0" then
            GetClassName = "根栏目"
        else
```

```
                    SQL = "Select ClassName from Class where ID=" & ID
                    Set RS = Conn.Execute(SQL)
                    if Not RS.Eof then
                        GetClassName = RS(0)
                    end if
                    Set RS = Nothing
            end if
        end if
End Function
```

8.3.2　用户登录

用户登录涉及的页面只有 Login.asp 文件，此文件位于根栏目下的 Admin 目录下，由于在后台管理没有涉及管理员的信息管理，也就是说管理员的信息没有保存到数据库，所以系统登录只有简单地判断用户名和密码是不是某一个确定的值，Login.asp 页面文件的主要代码如下：

```
Dim UserName,PassWord,ErrMessage
ErrMessage = ""
UserName = Request.Form("UserName")
PassWord = Request.Form("PassWord")
if UserName = "admin" OR PassWord = "admin" then
    Session("UserName") = UserName
    Session("PassWord") = PassWord
Response.Redirect("Index.asp")
    Response.End
else
    ErrMessage = "用户名和密码错误"
end if
```

用户登录界面如图 8.1 所示。

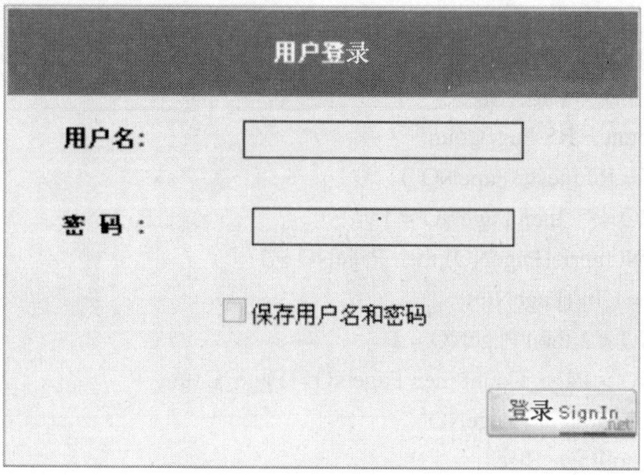

图 8.1　用户登录界面

8.3.3　栏目管理

栏目管理涉及三个文件：Class.asp、ClassAdd.asp 和 ClassEdit.asp，这三个文件都位于根栏目下的 Admin 目录下。

Class.asp 文件的功能是把所有栏目分页显示出来。Action 参数是传递当前操作，ID 参数是传递需要删除哪个栏目，下面的代码完成删除某一个栏目的信息：

```
Action = Request("action")
ID = Request("ID")
if Action = "Del" And ID <> "" then
    Conn.Execute("Delete from Class Where ID=" & ID)
end if
```

内容分页必须创建一个 RecordSet 对象，然后通过此对象的 Open 方法打开一个记录集，并且对记录集的 PageSize（每页显示记录的条数）、AbsolutePage（记录集的当前页码）等属性赋值，代码如下：

```
<%
Page_Size = 30
Set RS = Server.CreateObject("ADODB.RecordSet")
SQL = "Select ID,ClassName,ParentID,AddDate from Class"
RS.Open SQL,Conn,1,1
%>
<table width="100%" border="1">
  <tr>
    <td>栏目 ID</td>
    <td>栏目名称</td>
    <td>父栏目</td>
    <td>添加日期</td>
    <td>操作</td>
  </tr>
  <%
if Not RS.Eof then
    RS.PageSize = Page_Size
    Page_Count = RS.PageCount
    PageNO = Request("PageNO")
    if PageNO = "" then PageNO = 1
    if Not IsNumeric(PageNO) then PageNO = 1
    PageNo = CInt(PageNO)
    if PageNO < 1 then PageNO = 1
    if PageNO > Page_Count then PageNO = Page_Count
    RS.AbsolutePage = PageNO
    For i = 1 to Page_Size
        if RS.Eof then Exit For
```

```
        %>
        <tr>
            <td><% = RS("ID") %></td>
            <td><% = RS("ClassName") %></td>
            <td><% = GetClassName(RS("ParentID")) %></td>
            <td><% = RS("AddDate") %></td>
            <td><a href="#" onclick="return Del('<% = RS("ID") %>');">删除</a>  <a href="ClassEdit.asp?ID=<% = RS("ID") %>">修改</a></td>
        </tr>
        <%
                RS.MoveNext
            Next
        %>
        <tr>
            <td colspan="5" align="right">
            当前第<% = PageNO %>页,总共<% = Page_Count %>页  
            <a href="?PageNO=1">首页</a>
              
            <% if PageNO > 1 then %>
            <a href="?PageNO=<% = PageNO - 1 %>">上一页</a>
            <% else %>
            上一页
            <% end if %>
              
            <% if PageNO < Page_Count then %>
            <a href="?PageNO=<% = PageNO + 1 %>">下一页</a>
            <% else %>
            下一页
            <% end if %>
              
            <a href="?PageNO=<% = Page_Count %>">末页</a>
            </td>
        </tr>
        <% else %>
        <tr>
            <td colspan="5" align="center">没有栏目信息</td>
        </tr>
        <% end if %>
    </table>
```

栏目管理页面如图 8.2 所示。

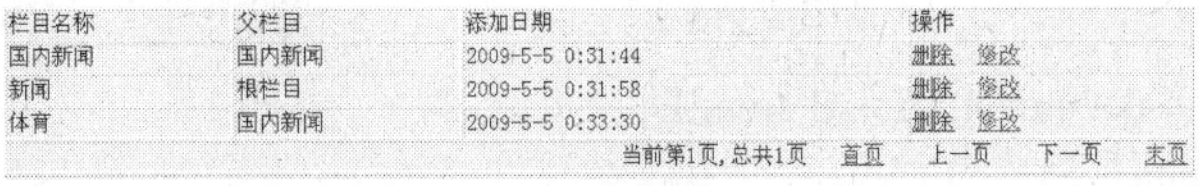

栏目名称	父栏目	添加日期	操作
国内新闻	国内新闻	2009-5-5 0:31:44	删除 修改
新闻	根栏目	2009-5-5 0:31:58	删除 修改
体育	国内新闻	2009-5-5 0:33:30	删除 修改
			当前第1页,总共1页 首页 上一页 下一页 末页

图 8.2　栏目管理页面

　　根据数据库的设计，要添加栏目信息，那么必须添加栏目名称和父栏目 ID，所以，在 ClassAdd.asp 页面中创建一个表单，其中包含一个文本框填写栏目名称，一个下拉框，选择栏目的父栏目。注意，在 ASP 环境下书写程序，页面必须添加一个说明当前操作的隐藏域，在本例中就添加了一个名为 Action 的隐藏域，其值为 Save。ClassAdd.asp 文件的主要代码如下：

```
Dim Action,RS,SQL
Action = Request.Form("action")
if Action = "Save" then
        if Request.Form("ClassName") <> "" OR Request.Form("ParentID") <> "" then
            Set RS = Server.CreateObject("ADODB.RecordSet")
            SQL = "Select * from Class Where 1=0"
            RS.Open SQL,Conn,1,3
            RS.AddNew
            RS("ClassName") = Request.Form("ClassName")
            RS("ParentID") = Request.Form("ParentID")
            RS("AddDate") = Now
            RS.Update
            RS.Close
            Set RS = Nothing
            Response.Redirect("Class.asp")
            Response.End
        else
            Response.Write("<script language=""javascript"">alert('信息填写不完整！');history.back(1);</script>")
            Response.End
        end if
    end if
```

　　在表单的提交按钮 OnClick 事件中添加在客户端判断用户信息是否填写完整的判断，代码如下：

```
<script language="javascript">
function Check()
{
    var Obj = document.form1.ClassName;
    if(Obj.value=='')
    {
        alert('没有填写栏目名称');
        Obj.focus();
        return false;
    }
    var Obj = document.form1.ParentID;
    if(Obj.value=='')
```

```
        {
            alert('没有选择父栏目');
            Obj.focus();
            return false;
        }
        return true;
    }
</script>
```

修改栏目时，必须首先把要修改的栏目的信息读取出来存放到变量中，然后初始化到表单的相应对象中，ClassEdit.asp 文件的主要代码如下：

```
Dim Action,RS,SQL,ID,ClassName,ParentID
Action = Request.Form("action")
ID = Request("ID")
if ID <> "" then
    SQL = "Select * from Class where ID=" & ID
    Set RS = Server.CreateObject("ADODB.RecordSet")
    RS.Open SQL,Conn,1,3
    if Not RS.Eof then
        ClassName = RS("ClassName")
        ParentID = RS("ParentID")
    else
        Response.Write("<script    language=""javascript"">alert(' 参 数 传 递 错 误 ！
');history.back(1);</script>")
        Response.End
    end if
    if Action = "Save" then
        if Request.Form("ClassName") <> "" OR Request.Form("ParentID") <> "" then
            RS("ClassName") = Request.Form("ClassName")
            RS("ParentID") = Request.Form("ParentID")
            RS.Update
            RS.Close
            Set RS = Nothing
            Response.Redirect("Class.asp")
            Response.End
        else
            Response.Write("<script    language=""javascript"">alert(' 信 息 填 写 不 完 整 ！
');history.back(1);</script>")
            Response.End
        end if
    end if
    RS.Close
    Set RS = Nothing
```

```
        else
            Response.Write("<script  language=""javascript"">alert(' 参数传递错误！ ');history.back(1);
</script>")
            Response.End
        end if
```

添加栏目页面如图 8.3 所示。

图 8.3　添加栏目页面

8.3.4　新闻管理

新闻管理涉及 News.asp、NewsAdd.asp 和 NewsEdit.asp 文件，这三个文件同样位于根目录下的 Admin 目录，新闻管理和栏目管理比较类似，这里就不再赘述。

新闻内容修改页面如图 8.4 所示。

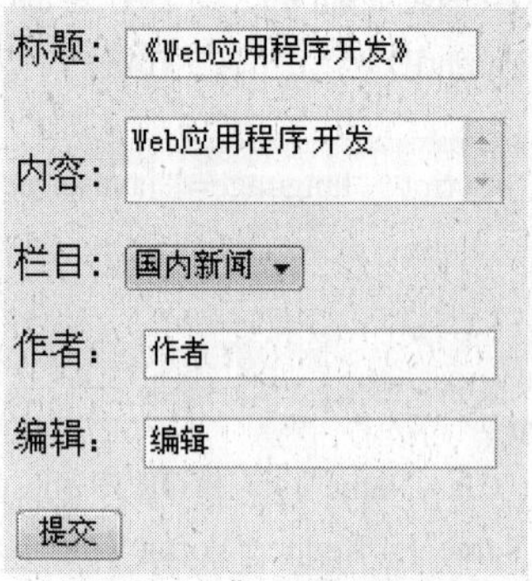

图 8.4　新闻内容修改页面

8.3.5　前台页面

前台页面涉及 Index.asp、Class.asp、More.asp 和 News.asp 文件，这些文件都位于网站的根栏目。前台页面的功能就是把后台管理所添加的栏目和新闻内容展示出来，因为采用动态调用的方式，所以在每一个需要调用栏目或者新闻内容的地方查询数据库，然后按照一定格式输出。前台页面比较简单，这里也不再赘述。

8.4　ASP.NET 环境下的功能实现

通常都在 Visual Studio 环境中编写 ASP.NET 程序，首先在 Visual Studio 2005 中创建一个网站，然后添加一个类库项目。

8.4.1　类库

在类库中定义三个公共类：AdminUI、FrontUI 和 BaseUI，其中 BaseUI 类继承于 System.Web.UI.Page 类，BaseUI 类封装了对数据库访问的所有代码，AdminUI 类继承于 BaseUI 类，在 AdminUI 类中实现对每一个页面的 Session 判断，也就是判断用户是否登录访问，所以说所有的后台管理页面都必须继承于 AdminUI 类。FrontUI 类同样也继承于 BaseUI 类，是前台页面的基类，所有的前台页面都继承于 FrontUI 类。

BaseUI 类中获取数据库连接字符串的代码如下：

```
public string ConnStr
{
    get
    {
        if (ConfigurationManager.ConnectionStrings["ConnStr"] != null)
        {
            return ConfigurationManager.ConnectionStrings["ConnStr"].ToString();
        }
        else return "";
    }
}
```

BaseUI 类中获得栏目名称函数的代码如下：

```
public string GetClassName(string ID)
{
    if (ID != "")
    {
        if (ID == "0") return "根栏目";
        else  return  ExecuteScalar("Select  ClassName  from  Class  where  ID=" + ID,
null).ToString();
    }
    else
    {
        return "";
    }
}
```

BaseUI 类中访问数据的三个函数代码如下：

```
public object ExecuteScalar(string cmdText, params SqlParameter[] commandParameters)
{
    SqlCommand cmd = new SqlCommand();
    using (SqlConnection conn = new SqlConnection())
    {
        conn.ConnectionString = ConnStr;
```

```
                PrepareCommand(cmd, conn, null, CommandType.Text, cmdText, commandParameters);
                object val = cmd.ExecuteScalar();
                cmd.Parameters.Clear();
                cmd.Dispose();
                conn.Close();
                conn.Dispose();
                return val;
            }
        }
        public void ExecuteNonQuery(string cmdText, params SqlParameter[] commandParameters)
        {
            SqlCommand cmd = new SqlCommand();
            using (SqlConnection Conn = new SqlConnection())
            {
                Conn.ConnectionString = ConnStr;
                PrepareCommand(cmd, Conn, null, CommandType.Text, cmdText, commandParameters);
                cmd.ExecuteNonQuery();
                cmd.Parameters.Clear();
                cmd.Dispose();
                Conn.Close();
                Conn.Dispose();
            }
        }
        public DataTable ExcuteSelect(string cmdText, params SqlParameter[] commandParameters)
        {
            SqlCommand cmd = new SqlCommand();
            using (SqlConnection Conn = new SqlConnection())
            {
                Conn.ConnectionString = ConnStr;
                PrepareCommand(cmd, Conn, null, CommandType.Text, cmdText, commandParameters);
                SqlDataAdapter adapter = new SqlDataAdapter();
                adapter.SelectCommand = cmd;
                DataSet RS = new DataSet();
                adapter.Fill(RS, "table");
                adapter.Dispose();
                cmd.Dispose();
                Conn.Close();
                Conn.Dispose();
                return RS.Tables["table"];
            }
        }
        private static void PrepareCommand(SqlCommand cmd, SqlConnection conn, SqlTransaction trans,
CommandType cmdType, string cmdText, SqlParameter[] cmdParms)
        {
```

```
        if (conn.State != ConnectionState.Open) conn.Open();
        cmd.Connection = conn;
        cmd.CommandText = cmdText;
        if (trans != null) cmd.Transaction = trans;
        cmd.CommandType = cmdType;
        cmd.CommandTimeout = 2000;
        if (cmdParms != null)
        {
            foreach (SqlParameter parm in cmdParms) if (parm != null) cmd.Parameters.Add(parm);
        }
    }
```

8.4.2　功能页面

栏目管理页面 Class.aspx 采用 Repeater 控件绑定显示，绑定对象的模板定义如下：

```
<asp:Repeater ID="Repeater1" runat="server" OnItemCommand="Repeater1_ItemCommand">
<HeaderTemplate>
<table width="98%" border="1px" cellpadding="2" cellspacing="1">
    <tr>
        <td align="left">栏目 ID</td>
        <td align="left">栏目名称</td>
        <td align="left">父栏目</td>
        <td align="left">添加日期</td>
        <td align="left">操作</td>
    </tr>
</HeaderTemplate>
<ItemTemplate>
    <tr>
        <td><%#Eval("ID")%></td>
        <td><%#Eval("ClassName")%></td>
        <td><%#Eval("ParentClassName")%></td>
        <td><%#Eval("AddDate")%></td>
        <td><asp:HiddenField ID="ID" Value='<%#Eval("ID")%>' runat="server" />
        <asp:LinkButton ID="Edit" runat="server">修改</asp:LinkButton>  
        <asp:LinkButton  ID="Del"  OnClientClick="if(confirm(' 确 定 要 删 除 吗 ？ '))return
true;else return false;" runat="server">删除</asp:LinkButton>
        </td>
    </tr>
</ItemTemplate>
<FooterTemplate>
</table>
</FooterTemplate>
</asp:Repeater>
```

绑定代码如下：

```
string SQL = "Select * from Class";
DataTable RS = ExcuteSelect(SQL);
int i;
RS.Columns.Add("ParentClassName", typeof(string));
for (i = 0; i < RS.Rows.Count; i++)
{
        RS.Rows[i]["ParentClassName"] = GetClassName(RS.Rows[i]["ParentID"].ToString());
}
Repeater1.DataSource = RS;
Repeater1.DataBind();
```

使用 Repeater 控件绑定显示数据，修改和删除数据就不能够采用普通修改和删除数据的方式，所以定义 Repeater 控件的 ItemCommand 事件，此事件的处理函数代码如下：

```
LinkButton _LinkButton = (LinkButton)e.CommandSource;
Control _Control = e.Item.FindControl("ID");
HiddenField _ID = (HiddenField)_Control;
if (_LinkButton.ID == "Del")
{
        string SQL = "Delete Class where ID=" + _ID.Value;
        ExecuteNonQuery(SQL,null);
        RepeaterDataBind();
}
if (_LinkButton.ID == "Edit")
{
        Response.Redirect("ClassEdit.aspx?ID=" + _ID.Value);
}
```

添加栏目信息，首先搭建好页面的框架，然后编写添加按钮的 Click 事件的处理函数，此事件的处理函数代码如下：

```
if (IsValid)
{
        string SQL = "Insert Into Class(ClassName,ParentID,AddDate) values('"+ClassName.Text+"',
'"+ParentID.Text+"',getdate())";
        ExecuteNonQuery(SQL, null);
        Response.Redirect("Class.aspx");
        Response.End();
}
```

修改栏目信息，必须先把要修改的栏目信息进行加载，然后才编写修改按钮的 Click 事件的处理函数，此事件的处理函数代码如下：

```
        if (IsValid)
        {
                string SQL = "Update Class Set ClassName='" + ClassName.Text + "',ParentID=" + ParentID.Text+"
where ID="+ID.Value;
                ExecuteNonQuery(SQL, null);
                Response.Redirect("Class.aspx");
                Response.End();
        }
```

对于新闻内容管理和栏目管理的内容比较类似，这里不再赘述。前台页面的处理也比较简单，这里也不再赘述。

本 章 小 结

通过上面的讲解，可以明白以下几点：

（1）要完成应用管理软件的功能，必须先考虑清楚系统的功能，然后设计数据库，最后才是编写程序。

（2）不管是在 ASP 还是 ASP.NET 环境中编写程序，都应该按照三个步骤来书写程序，首先根据功能创建好应用程序的界面；其次就是对程序界面中的对象进行属性设置（包括对象名，对象美观属性等）；再次就是编写某些特定对象的某些事件处理函数。

（3）ASP.NET 环境中现有的控件比较多，在 ASP.NET 环境中完成某一个功能要比在 ASP 环境中简单得多。

（4）使用 C#语言编写程序要比使用 VBScript 编写程序效率更高，逻辑性更强。

习　题　8

1．阐述在 ASP 环境下和在 ASP.NET 环境下开发网站的区别。

2．阐述用户登录过程中，程序处理需要进行哪几个过程？

实 训 题 目

1．在 ASP 环境下编写学生信息管理程序，学生信息包括学号、姓名、性别、出生年月日和爱好。提示：先设计数据库表结构，然后创建数据库连接文件，在其他功能页面中都包含数据库连接文件。

2．在 ASP.NET 环境下编写总评成绩计算功能，计算公式：总成绩=平时成绩*20%+期中成绩*20%+期末成绩*60%。

第 9 章 留 言 板

9.1 需 求 描 述

留言板就是让用户能够在上面留下自己的内容，并且让所有浏览留言板的用户看到大家在上面留下的内容，完成留言板功能需要两个方面的功能模块，一个就是展示留言功能，另一个就是留下自己的内容功能。

显示留言就是把所有其他用户所留下的留言内容按照时间排序展示出来，留言主要展示的内容有留言的用户、留言时间、留言内容等。展示留言模块还有一个重要的问题就是显示界面，用户界面要简洁明了。

有了展示留言的功能，接下来就是留言，用户在留言板里面通过填写留言内容，提交到服务器，系统把留言的内容保存到数据库，供展示留言模块使用。

本实例在 ASP 环境中运行。

9.2 数 据 设 计

留言信息表和用户表分别见表 9-1 和表 9-2。

表 9-1 留言信息表（Message）

字 段 名	类 型	备 注
ID	整型，自动编号	留言唯一标识
Name	字符型，长度为 200	用户名
Body	字符型，长度为 200	留言内容
E-mail	字符型，长度为 200	邮件地址
Time	日期型	留言时间
Address	字符型，长度为 20	地址
Tel	字符型，长度为 20	电话

表 9-2 用户表（User）

字 段 名	类 型	备 注
ID	整型，自动编号	留言唯一标识
UserID	字符型，长度为 200	用户 ID
PassWord	字符型，长度为 200	密码

以上的表只是数据库表的一个简单说明，用户可根据具体使用的数据库来创建数据库

表，本教材的源代码使用的是 SQL Server 2000 数据库。

9.3　功　能　实　现

9.3.1　公共模块

完成功能需要使用以下关键代码，和第 8 章一样，连接数据库的代码放在一个公共的 Conn.asp 文件中，主要代码如下：

```
Dim Conn,ConnStr
Set Conn = Server.CreateObject("ADODB.CONNECTION")
ConnStr  =  "Provider=SQLOLEDB;Persist  Security  Info=false;server=(local);uid=sa;pwd=sa;
database=WebApp_9;"
Conn.Open ConnStr
```

在 Function.asp 公共函数文件中有一个截取字符串的函数，函数完成对某一个字符串截取某一定长度的功能，函数代码如下：

```
Function CutStr(TXT,LenOfStr)
    Dim i,x,y
    TXT = Trim(TXT)
    x = Len(txt)
    y = 0
    if x >= 1 then
        for i = 1 to x
            if ASC(MID(TXT,i,1)) < 0 or ASC(MID(TXT,i,1)) >255 then
                y = y + 2
            else
                y = y + 1
            end if
            if y >= LenOfStr then
                TXT = Left(Trim(TXT),i)&"..."
                Exit For
            end if
        Next
        CutStr = TXT
    else
        CutStr = ""
    end if
End Function
```

整个系统中的功能实现主要是通过 Index.asp 文件中的以下代码选择功能函数，具体代码如下：

```
    Dim Action
    Action = LCase(Request("action"))
    Select Case Trim(Action)
        Case "saveadd"
            Call SaveAddMessage
        Case "del"
            Call DelMessage
        Case "login"
            Call Login
        Case "checklogin"
            Call CheckLogin
        Case "loginout"
            Call LoginOut
        Case "add"
            Call AddMessage
        Case Else
            Call ListMessage
    End Select
```

　　所有的功能链接都指向 Index.asp 文件，在此文件中通过 Action 参数判断当前用户的操作，然后通过 Select 语句选择功能函数。

9.3.2　显示留言模块

　　列出留言的内容，首先查询出所有的留言内容，代码如下：

```
    Set RS = Server.CreateObject("ADODB.RecordSet")
    SQL = "Select * from Message order by id desc"
    Set RS = Server.CreateObject("adodb.recordset")
    RS.open SQL,Conn,1,1
    RS.PageSize = 4
```

　　留言内容必须分页显示，所以需要对记录集分页，对分页的页码处理所使用的代码如下：

```
    Page = Request("Page")
    if Page = "" then Page = 1
    if Not IsNumeric(Page) then Page = 1
    Page = CInt(Page)
    if Page < 1    then Page = 1
    if Page >= RS.Pagecount then Page = RS.Pagecount
```

　　在显示留言的上部分需要显示页码，便于用户选择分页，所使用的代码如下：

```
    if Not RS.Eof then
        RS.AbsolutePage = Page
        BeginPage = Page - 5
        EndPage = Page + 5
```

```
        if BeginPage < 1 then BeginPage = 1
        if EndPage > RS.Pagecount then EndPage = RS.Pagecount
        For f = BeginPage to EndPage
            ShowNum = ShowNum & "[ <a href="""?Page=" & f & """>" & f & "</a> ]"
        Next
        Response.Write("<table  width=""80%""  border=""1""  align=""center""  cellpadding=""0""
cellspacing=""1"" bordercolor=""#CCCCCC"" style=""margin-top:5px;"">")
        Response.Write("<tr>")
        Response.Write("<td style=""padding:7px;""> " & ShowNum & " </td>")
        Response.Write("</tr>")
        Response.Write("</table>")
    End if
```

首先需要判断记录集是否为空，如果不为空才进行分页显示，如果不判断，在对记录集的 AbsolutePage 属性赋值时程序要出现错误。显示留言的下面需要显示上一页便于用户选择分页的链接，代码如下：

```
    if Not RS.Eof then
        Response.Write("<table  width=""80%""  border=""1""  align=""center""  cellpadding=""0""
cellspacing=""1"" bordercolor=""#CCCCCC"" style=""margin-top:5px;"">")
        Response.Write("<tr>")
        Response.Write("<td  style=""padding:7px;""> "  &  RS.PageSize  & " 条信息每页，共
"&RS.PageCount&" 页，当前第  "&Page&" 页 <a href=""?Page=1"">首页</a>")
        if Page <=1 then
            Response.Write(" 上页 ")
        else
            Response.Write(" <a href=""?Page=" & Page - 1 & """>上页</a> ")
        end if
        if Page = RS.PageCount then
            Response.Write(" 下页 ")
        else
            Response.Write(" <a href=""?Page=" & Page + 1 & """>下页</a> ")
        end if
        Response.Write("   <a href=""?Page="&rs.Pagecount&""">尾页</a>")
        Response.Write("   <select   name=""Page""  id=""Page""  onChange=""var jmpURL=
this.options[this.selectedIndex].value ; if(jmpURL!=") {window.location=jmpURL;} else {this.selectedIndex=
0 ;}"" >")
        for i = 1 to RS.PageCount
            Response.Write("  <option value=""?Page="&i&""" ")
            if Page & "" = i & "" then
                Response.Write(" selected > 第" & i & "页</option> ")
            else
                Response.Write(" > 第" & i & "页</option> ")
            end if
```

```
            Next
            Response.Write(" </select> ")
            Response.Write(" </td> </tr>")
            Response.Write("</table>")
    end if
```

此处没有对记录集的 AbsolutePage 属性赋值，因为上面的代码里面已经对此属性赋值。
使用 For 循环显示留言，具体代码不再赘述。

查看留言内容页面，如图 9.1 所示。

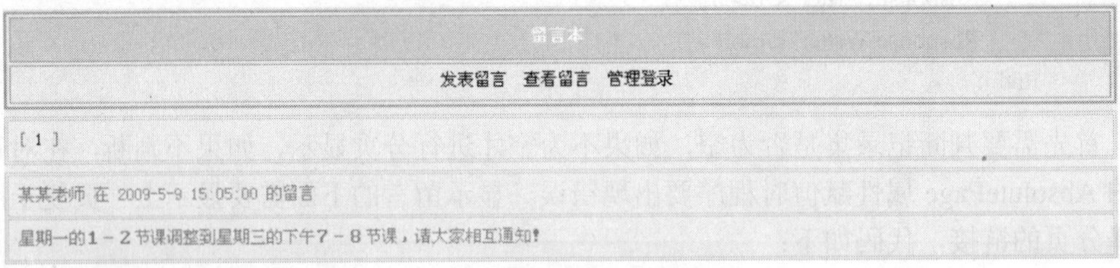

图 9.1　查看留言内容页面

9.3.3　留言模块

设计好留言表单，然后在服务器端书写保存留言的功能函数，函数代码如下：

```
        Sub SaveAddMessage()
            Dim SQL,RS
            if Request.Form("name")="" or Request.Form("body")="" then
                response.write  "<script>alert(' 请将带 * 号的项目填写完整！');history.back();
</Script>"

                response.end
            else
                SQL = "select * from Message"
                Set RS = Server.CreateObject("ADODB.RecordSet")
                RS.open SQL,Conn,1,3
                RS.addnew
                RS("Name") = Request.Form("name")
                RS("Body") = Request.Form("body")
                RS("Time") = Now()
                RS("Email") = Request.Form("email")
                RS("Address") = Request.Form("Address")
                RS("Tel") = Request.form("tel")
                RS.Update
                Response.Write"<script language='javascript'>alert('感谢您的留言')</script>"
                Response.Write("<script>window.location='index.asp'</script>")
                Response.End
            end if
```

```
        End Sub
```

如果是管理员登录系统，就可以删除某些不需要显示的留言，删除留言同样通过删除功能函数完成，使用的代码如下：

```
        Sub DelMessage()
            Dim SQL
            if Session ("UserID") = "" then
                Response.Write "<script>alert('您没有这个权限！');history.back();</Script>"
                Response.End
            else
                SQL = "delete from Message where id=" & Request.QueryString("id") & ""
                Conn.execute(SQL)
                Response.Write("<script>alert('删除成功')</script>")
                Response.Write("<script>window.location='index.asp'</script>")
                Response.End
            end if
        End Sub
```

留言页面如图 9.2 所示。

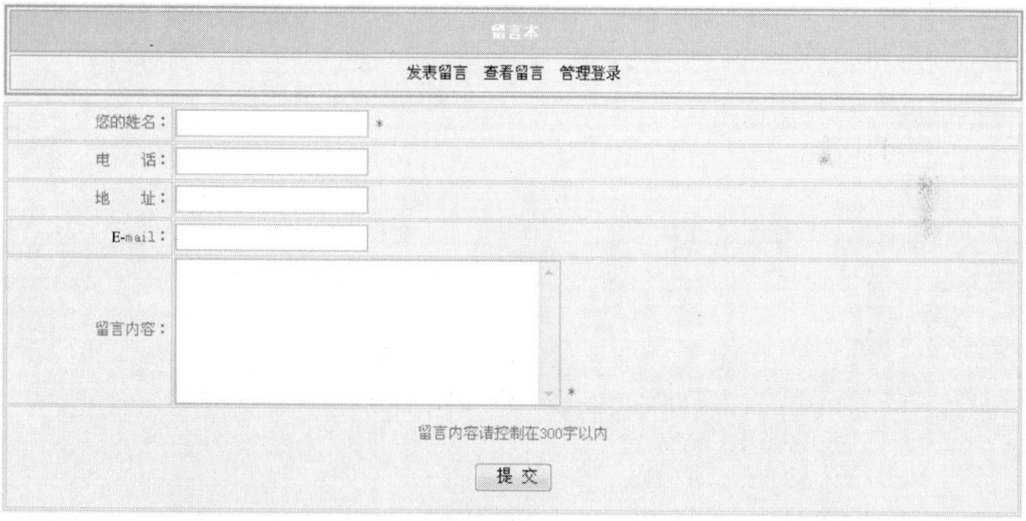

图 9.2　留言页面

本 章 小 结

本实例中的留言板只实现了留言、查看留言、管理员登录和删除留言功能，一个留言板其实还应该有修改留言，设置留言过期等功能，读者可以在此基础上添加上面的功能，以使留言板功能更加完善。

管理员登录过程中采用了对管理员密码加密比较，这是因为在数据库里面存放的管理员密码是进行了 MD5 加密，所以在管理员登录时同样需要把密码加密然后和数据库里面保存的密码相比较。

习　题　9

1．阐述留言板有哪些主要功能？
2．阐述在留言板开发过程中，对留言进行分页显示需要经过哪些处理步骤？

实 训 题 目

1．在本实例的基础上完成管理员修改留言功能。
2．在本实例的基础上完成管理员的添加、修改和删除功能。提示：添加和修改管理员密码时需要使用 MD5 加密，然后保存到数据库。
3．在本实例的基础上完成设置留言过期功能。提示：在数据库表中添加一个留言过期的日期型字段。

第 10 章 客户信息管理

10.1 需 求 描 述

客户信息管理包含客户信息展示、客户信息查询、客户信息添加、客户信息修改和客户信息删除等功能模块。此实例中没有管理员信息维护，所以不用登录系统就可以操作。

客户信息展示的主要功能就是把数据库表中的客户信息展示出来，展示的信息主要包括客户名称、单位、电话和职务等信息；客户信息查询模块的主要功能就是用户通过关键字模糊查询客户信息，用户可以自定义查询方式；客户信息添加模块的主要功能就是添加客户信息，添加的信息主要包括客户姓名、单位和电话等；客户删除模块的主要功能就是删除单一指定的客户信息。

本实例在 ASP 环境中运行。

10.2 数 据 库 设 计

客户信息见表 10-1。

表 10-1 客户信息（Custom）

字 段 名	类 型	备 注
ID	整型，自动编号	留言唯一标识
Name	字符型，长度为 50	客户名称
Company	字符型，长度为 50	客户单位
Mobile	字符型，长度为 50	移动电话
Tel	字符型，长度为 50	联系电话
Vaction	字符型，长度为 50	职务
Mail	字符型，长度为 50	E-mail 地址
Remark	备注型	备注信息

表 10-1 只是数据库表的一个简单说明，用户可根据具体使用的数据库来创建数据库表，本教材的源代码使用的是 SQL Server 2000 数据库。

10.3 功 能 实 现

本实例主要是对客户信息的管理，所以使用客户信息的地方很多，本实例中把客户信息封装在一个类里面，这个类里面定义了客户的所有属性，同时也定义了对客户信息操作（添加、删除等）的方法，客户信息类位于 Custom.asp 文件中，类名为 Cls_Custom，类代码如下：

```
Class Cls_Custom
    Dim vID,vName,vCompany,vMobile,vTel,vVaction,vMail,vRemark,LastError
    Private Sub Class_Initialize()
        Call Initialize()
    End Sub
    Private Sub Class_Terminate()
        Call Initialize()
    End Sub
    Public Function Initialize()
        vID = 0
        vName = ""
        vCompany = ""
        vMobile = ""
        vTel = ""
        vVaction = ""
        vMail = ""
        vRemark = ""
    End Function
    Public Function GetValue()
        vName = Request.Form("oName")
        If Len(vName) < 0 Or Len(vName) > 50 Then
            LastError = "姓名的长度请控制在 0 ～ 50 位" : GetValue = False : Exit
Function
        End If
        vCompany = Request.Form("oCompany")
        If Len(vCompany) < 0 Or Len(vCompany) > 50 Then
            LastError = "单位的长度请控制在 0 ～ 50 位" : GetValue = False : Exit
Function
        End If
        vMobile = Request.Form("oMobile")
        If Len(vMobile) < 0 Or Len(vMobile) > 50 Then
            LastError = "地址的长度请控制在 0 ～ 50 位" : GetValue = False : Exit
Function
        End If
        vTel = Request.Form("oTel")
        If Len(vTel) < 0 Or Len(vTel) > 50 Then
            LastError = "电话的长度请控制在 0 ～ 50 位" : GetValue = False : Exit
Function
        End If
        vVaction = Request.Form("oVaction")
        If Len(vVaction) < 0 Or Len(vVaction) > 50 Then
            LastError = "状态的长度请控制在 0 ～ 50 位" : GetValue = False : Exit
```

```
Function
            End If
            vMail = Request.Form("oMail")
            If Len(vMail) < 0 Or Len(vMail) > 50 Then
                LastError = "邮箱的长度请控制在 0 ～ 50 位" : GetValue = False : Exit
Function
            End If
            vRemark = Request.Form("oRemark")
            If Len(vRemark) < 0 Then
                LastError = "备注的长度请控制在 0 位以内" : GetValue = False : Exit Function
            End If
            GetValue = True
        End Function
        Public Function SetValue()
            Dim Rs
            Set Rs = DB("Select * From [Custom] Where ID=" & vID,1)
            If Rs.Eof Then Rs.Close : Set Rs = Nothing : LastError = "你所需要查询的记录 " &
vID & " 不存在!" : SetValue = False : Exit Function
            vName = Rs("Name")
            vCompany = Rs("Company")
            vMobile = Rs("Mobile")
            vTel = Rs("Tel")
            vVaction = Rs("Vaction")
            vMail = Rs("Mail")
            vRemark = Rs("Remark")
            Rs.Close
            Set Rs = Nothing
            SetValue = True
        End Function
        Public Function Create()
            Dim Rs
            Set Rs = DB("Select * From [Custom]",3)
            Rs.AddNew
            Rs("Name") = vName
            Rs("Company") = vCompany
            Rs("Mobile") = vMobile
            Rs("Tel") = vTel
            Rs("Vaction") = vVaction
            Rs("Mail") = vMail
            Rs("Remark") = vRemark
            Rs.Update
            Rs.Close
            Set Rs = Nothing
            Create = True
```

```
        End Function
        Public Function Modify()
            Dim Rs
            Set Rs = DB("Select * From [Custom] Where ID=" & vID,3)
            If Rs.Eof Then Rs.Close : Set Rs = Nothing : LastError = "你所需要更新的记录 " &
vID & " 不存在!" : Modify = False : Exit Function
            Rs("Name") = vName
            Rs("Company") = vCompany
            Rs("Mobile") = vMobile
            Rs("Tel") = vTel
            Rs("Vaction") = vVaction
            Rs("Mail") = vMail
            Rs("Remark") = vRemark
            Rs.Update
            Rs.Close
            Set Rs = Nothing
            Modify = True
        End Function
        Public Function Delete()
            Call SetValue()
            DB "Delete From [Custom] Where ID=" & vID ,0
            Delete = True
        End Function
    End Class
```

实例中对数据库的访问全部在 Function.asp 文件中的 DB 函数中实现，函数的两个参数分别是定义的 SQL 语句和执行 SQL 语句的类型，0 表示只是执行语句不返回任何内容，1 表示执行 SQL 语句并且返回一个记录集，2 表示执行 SQL 语句并且返回一个不可更新的记录集，3 表示执行 SQL 语句并且返回一个可更新的记录集，函数的主要代码如下：

```
    Function DB(Byval Sqlstr,Byval DBType)
        Select Case DBType
        Case 0
            Conn.Execute(Sqlstr)
        Case 1
            Set DB = Conn.Execute(Sqlstr)
        Case 2
            Set DB = Server.CreateObject("Adodb.Recordset")
            DB.Open Sqlstr,Conn,1,1
        Case 3
            Set DB = Server.CreateObject("Adodb.Recordset")
            DB.Open Sqlstr,Conn,1,3
        End Select
    End Function
```

其他内容和前面的章节比较相似，这里就不再赘述。

客户信息管理页面如图 10.1 所示。

图 10.1　客户信息管理页面

修改客户信息页面如图 10.2 所示。

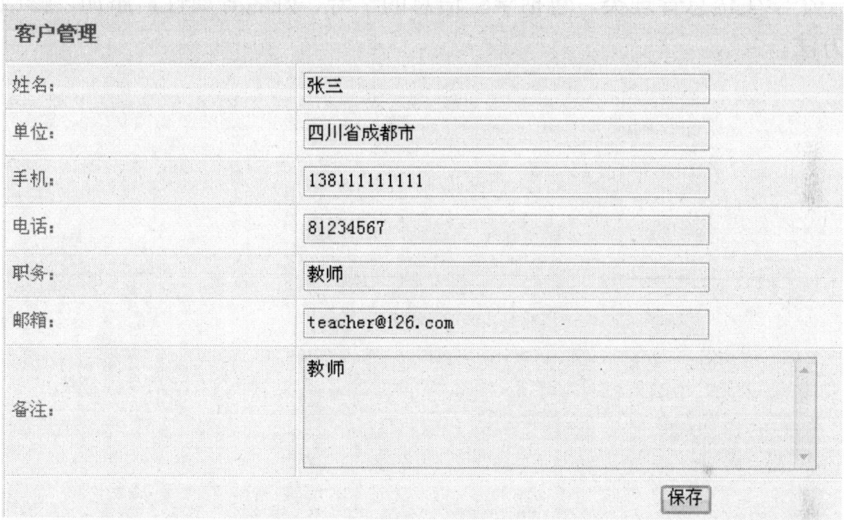

图 10.2　修改客户信息页面

本 章 小 结

客户资料管理就是把客户的资料保存到数据库中，然后在需要查看信息时通过数据库的查询，把信息显示出来。本实例重点介绍客户信息的添加、修改和删除功能，还缺少管理员登录等功能模块。

本实例代码的一个很有特点的地方就是采用类的方式，定义了一个 Custom 类，对应客户信息类，在类里面封装了对客户信息管理所需要的属性和方法，比如添加客户信息方法 Create。这样做使得程序的逻辑结构清楚，代码质量高，是一个值得推荐的方法。

习　题　10

1．阐述本实例中的代码和第 9 章中的代码存在哪些不同点，比较两种书写代码的方式哪种方式更好？

2．使用 VBScript 脚本语言编写一个类的主要代码有哪些？

实 训 题 目

编写一个学生信息管理类，包括学生信息的学号、姓名等属性，添加、修改和删除学生信息的方法。

第 11 章 试 题 库

11.1 需 求 描 述

本实例的功能模块有系统登录、试卷预览、创建试卷、查询试卷、合并试卷和用户密码管理等模块。

登录模块，所有用户必须登录之后才能进入试题库系统进行操作；试卷预览模块的主要功能是，点击试卷名称后阅览该试卷的详细内容；创建试卷模块的主要功能就是通过现有的题目形成试卷，创建试卷主要包括两个步骤，第一步，填写试卷的基本信息，如试卷名称等，第二步，填写该试卷的试题，填写时要选择试题类型，单击"提交该试题并开始编辑下一题"按钮将该试题的信息插入数据库并返回当前页开始下一题的填写，当试题全部填写完成单击"全部完成"按钮即可完成该试卷的创建；查询试卷模块的主要功能就是通过关键字查询符合条件的试卷，并列举出来。在查询过程中，选择查询试题类型，输入关键词；密码管理模块主要供用户管理员更改用户名和密码。

本实例在 ASP.NET 环境中运行。

11.2 数 据 设 计

本例中所需的表分别见表 11-1～表 11-5。

表 11-1　客户信息（Admin）

字 段 名	类 型	备 注
User_ID	整型，自动编号	用户 ID
UserName	字符型，长度为 50	用户名
PassWord	字符型，长度为 50	密码

表 11-2　试卷表（Exam）

字 段 名	类 型	备 注
Exam_ID	整型，自动编号	试卷 ID
Exam_Title	字符型，长度为 50	试卷名字
Create_Time	日期型	创建时间
Test_Time	日期型	考试时间
Many_Time	浮点型，长度为 8	考试时间
Tester	字符型，长度为 50	测试对象
Teacher	字符型，长度为 10	授课老师

表 11-3　问答题表（Essay）

字 段 名	类 型	备 注
Essay_ID	整型，自动编号	试题 ID
Exam_ID	整型，长度为 4	试卷 ID
CreateTime	日期型	添加时间
Title	字符型，长度为 50	标题
Question	字符型，长度为 500	试题
Solution	字符型，长度为 500	答案

表 11-4　填空题表（FillBlank）

字 段 名	类 型	备 注
FillBlank_ID	整型，自动编号	试题 ID
Exam_ID	整型，长度为 4	试卷 ID
CreateTime	日期型	添加时间
Title	字符型，长度为 50	标题
Question	字符型，长度为 500	试题
Solution	字符型，长度为 100	答案

表 11-5　选择题表（SelectItems）

字 段 名	类 型	备 注
Ttem_ID	整型，自动编号	试题 ID
Exam_ID	整型，长度为 4	试卷 ID
CreateTime	日期型	添加时间
Title	字符型，长度为 50	标题
Question	字符型，长度为 500	试题
Solution	字符型，长度为 10	答案

　　试题有三种类型，分别是选择题、填空题和问答题，分别用三个表来存储，试卷用一个表来存储，所以在三个试题表中都有一个 Exam_ID 字段关联试题和试卷。

　　上面的表只是数据库表的一个简单说明，用户可根据具体使用的数据库来创建数据库表，本教材的源代码使用的是 SQL Server 2000 数据库。

11.3　功 能 实 现

11.3.1　系统登录模块

　　本实例中的登录模块采用了验证码的方式，在用户登录页面产生一个验证码信息，并且记录到 Session 对象中，在验证用户填写的用户名和密码时，先验证用户填写的验证码是否和 Session 对象中的验证码一致，若一致才验证用户名和密码是否正确，如果不一致则提示用户重新输入验证码。这样做的目的是防止非法人员频繁登录系统，以获取管理员的密码。验证码的主要产生代码如下：

产生随机数字，并且记录到 Session 对象中，然后调用函数输出验证码图片文件。

```
vali = Rndnum();
Session["vali"] = vali;
ValidateCode(Session["vali"].ToString());
```

产生随机数字和验证码图片文件的输出函数如下：

```
public string Rndnum()
{
    int j1;
    string strChoice="0,1,2,3,4,5,6,7,8,9,a,b,c,d,e,f,g,h,i,j,k,l,m,n,o,p,q,r,s,t,u,v,w,x,y,z";
    string [] strResult = strChoice.Split(new Char [] {','});
    string strReturn="";
    Random rnd = new Random(unchecked((int)DateTime.Now.Ticks));
    for(int i=0;i<4;i++)
    {
        Random rnd1=new Random(rnd.Next()*unchecked ((int)DateTime.Now.Ticks));
        j1=rnd1.Next(35);
        rnd=new Random (rnd.Next()*unchecked((int)DateTime.Now.Ticks));
        strReturn=strReturn + strResult[j1].ToString();
    }
    return strReturn;
}

public void ValidateCode(string vnum)
{
    MemoryStream ms=new MemoryStream();
    double Height=(vnum.Length)*12;
    int gHeight=Convert.ToInt32(Height);
    Bitmap img=new Bitmap(gHeight,20);
    Graphics g=Graphics.FromImage(img);
    g.DrawString(vnum,(new Font ("Arial",10)),(new SolidBrush(Color.Red)),1,4);
    img.Save(ms,ImageFormat.Png);
    Response.ClearContent();
    Response.ContentType="images/Bmp";
    Response.BinaryWrite(ms.ToArray());
    g.Dispose();
    img.Dispose();
    Response.End();
}
```

用户登录页面如图 11.1 所示。

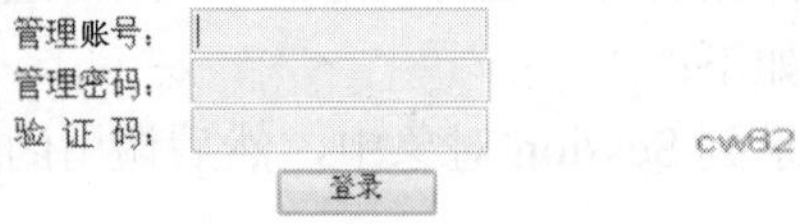

图 11.1　用户登录页面

登录模块的其他内容和前面章节一致，这里不再赘述。

11.3.2　试卷管理模块

列出试卷功能，通过 DataGrid 对象，定义模板并且捆绑数据显示，使用的代码如下：

```
<asp:datagrid id="Dg" runat="server" ForeColor="Black" GridLines="None" CellPadding="2"
BackColor="LightGoldenrodYellow" BorderWidth="1px" BorderColor="Tan" AutoGenerateColumns="False"
Width="748px">
    <SelectedItemStyle ForeColor="GhostWhite" BackColor="DarkSlateBlue"></SelectedItemStyle>
    <AlternatingItemStyle BackColor="PaleGoldenrod"></AlternatingItemStyle>
    <HeaderStyle Font-Bold="True" BackColor="Tan"></HeaderStyle>
    <FooterStyle BackColor="Tan"></FooterStyle>
    <Columns>
        <asp:TemplateColumn>
            <HeaderStyle Width="5px"></HeaderStyle>
            <ItemStyle Font-Size="X-Small"></ItemStyle>
            <ItemTemplate>
                <asp:Label id="lbId" runat="server" Visible="true" text='<%# DataBinder.Eval
(Container.DataItem,"exam_id")%>'>
                </asp:Label>
            </ItemTemplate>
        </asp:TemplateColumn>
        <asp:HyperLinkColumn Target="_blank" DataNavigateUrlField="exam_id" DataNavigate
UrlFormatString="show.aspx?id={0}"
            DataTextField="exam_title" HeaderText="试卷名称">
            <ItemStyle Font-Size="X-Small"></ItemStyle>
        </asp:HyperLinkColumn>
        <asp:BoundColumn DataField="create_time" HeaderText="创建时间">
            <ItemStyle Font-Size="X-Small"></ItemStyle>
        </asp:BoundColumn>
        <asp:ButtonColumn Text="删除" HeaderText="删除" CommandName="Delete">
            <HeaderStyle HorizontalAlign="Right"></HeaderStyle>
            <ItemStyle Font-Size="X-Small" HorizontalAlign="Right"></ItemStyle>
        </asp:ButtonColumn>
    </Columns>
    <PagerStyle HorizontalAlign="Center" ForeColor="DarkSlateBlue" BackColor="PaleGoldenrod">
```

```
</PagerStyle>
        </asp:datagrid>
```

重新组合的功能就是重新选择题库里面的试题，形成新的一套试卷。首先需要按照试题类型把试题列出来，在实例中采用 DataGrid 对象捆绑显示数据，对象的模板定义代码如下：

```
        <asp:datagrid id="Datagrid1" runat="server" Width="748px" BorderWidth="1px" ShowHeader=
"False" AutoGenerateColumns="False" BackColor="LightGoldenrodYellow" CellPadding="2" GridLines=
"None" ForeColor="Black" BorderColor="Tan">
        <SelectedItemStyle ForeColor="GhostWhite" BackColor="DarkSlateBlue"></SelectedItemStyle>
        <AlternatingItemStyle BackColor="PaleGoldenrod"></AlternatingItemStyle>
        <ItemStyle Font-Size="X-Small"></ItemStyle>
        <HeaderStyle Font-Bold="True" HorizontalAlign="Left" BackColor="Tan"></HeaderStyle>
        <FooterStyle BackColor="Tan"></FooterStyle>
        <Columns>
        <asp:TemplateColumn>
        <ItemStyle Font-Size="X-Small"></ItemStyle>
        <ItemTemplate>
        <asp:CheckBox id="CheckBox1" runat="server"></asp:CheckBox>
        </ItemTemplate>
        </asp:TemplateColumn>
        <asp:BoundColumn Visible="False" DataField="title"></asp:BoundColumn>
        <asp:BoundColumn DataField="question"></asp:BoundColumn>
        <asp:BoundColumn Visible="False" DataField="solution"></asp:BoundColumn>
        </Columns>
        <PagerStyle HorizontalAlign="Center" ForeColor="DarkSlateBlue" BackColor="PaleGoldenrod">
</PagerStyle>
        </asp:datagrid>
```

选择好需要的试题后，保存到数据库中对应的 Exam、Essay、FillBlank 和 SelectItems 表中，添加数据库时可以采用 SQL 语句，也可以采用 SqlDataAdapter 适配器。本实例中采用的是后者，首先通过 SqlDataAdapter 产生一个 DataSet 对象，然后在对象中添加数据行以达到保存数据的目的，主要代码如下：

```
        string sql1= "Select title,question,solution from selectItems";
        DataSet ds=new DataSet();
        SqlDataAdapter da1 =new SqlDataAdapter(sql1, cn);
        da1.Fill(ds, "selectItems");
        CheckBox cb=new CheckBox();
        DataRow dr;
        for(int i=0;i<Datagrid1.Items.Count;i++)
        {
            cb=(CheckBox)Datagrid1.Items[i].FindControl("CheckBox1");
            if(cb.Checked==true)
            {
```

```
            dr=ds.Tables["selectItems"].NewRow();
            dr["title"]=Datagrid1.Items[i].Cells[1].Text;
            dr["question"]=Datagrid1.Items[i].Cells[2].Text;
            dr["solution"]=Datagrid1.Items[i].Cells[3].Text;
            ds.Tables["selectItems"].Rows.Add(dr);
        }
    }
```

　　最后使用语句 da1.Update(ds,"selectItems"); 把数据插入数据库中。注意，在添加数据行的过程中，一定要先判断选择试题的复选框是否选中，如果没有选中，说明用户没有选择此试题，不能够添加到数据库中。

　　试卷管理页面如图 11.2 所示。

试卷名称	创建时间	删除
1 测试试题	2007-3-10 23:16:00	删除
2 语文试题	2007-3-17 22:43:00	删除

图 11.2　试卷管理页面

　　本实例的功能还有创建试卷、删除试卷、显示试卷和查询试卷，这些内容和前面章节的内容比较相似，这里就不再详细阐述，可以参考原代码程序。

本 章 小 结

　　ASP.NET 对数据库的操作方法很多，比如对添加和修改数据库表中的数据时，一种方式可以通过执行 SQL 语句，相关内容在前面的章节已经讲解过了，另一种方式就是通过记录集的方式，本实例就是采用记录集的方式。首先查询数据库，打开一个可更新的数据库，如果是添加数据，则再添加记录集的数据行，如果是修改数据，则不用添加数据行，然后修改记录集里面的内容，最后更新到数据库。

　　在 ASP.NET 中，对数据库操作通常都要使用 DataSet 和 DataTable 对象，所以要能够熟练地操作数据库，一定要熟悉这两个对象的方法和属性。

　　在 ASP.NET 中要显示某些数据，通常都使用数据控件，在控件中定义各种模板，然后在代码中访问数据库形成数据库记录集对象，最后通过对象的数据源属性和绑定方法显示数据。

习 　 题 　 11

　　1. 阐述在使用 Repeater 对象显示数据的主要过程。
　　2. 分析本实例中的功能还缺少哪些功能。

实 　 训 　 题 　 目

　　1. 编写 ASP.NET 应用程序，完成学生成绩管理功能。